Wenn sich die Familie einig ist, wird so mancher Traum zur Wirklichkeit: Ein Hund soll einziehen. Doch wer einfach so losstolpert und den nächstbesten Welpen in sein Auto packt, der braucht eine Portion Glück und wahrscheinlich in Zukunft gute Nerven. Vielleicht sollte er auch die Flatrate beim ortsansässigen Tierarzt buchen. Hunde zu züchten ist häufig so komplex, wie ein Haus zu bauen. Ja, es gibt grundsätzliche Parallelen: Ohne gutes Fundament wird das Gebaute in sich zusammenfallen wie ein Kartenhaus. Deshalb sind Organisation und gründliche Zuchtplanung die halbe Miete.

VON SABINE KÖNIG

Die Stammhündin

Um den Grundstock für den eigenen Kennel zu legen, steht und fällt alles mit einer „soliden" Stammhündin. Jeder Züchter hat andere Ansprüche und Vorstellungen, was diese Hündin betrifft. Deshalb sollte auch die Chemie zwischen Züchter und den zukünftigen Welpeneltern stimmen. Ist man auf einer Wellenlänge, kann der Käufer beim Züchter später um Rat fragen und der wird mit seinem Wissen gern weiterhelfen. Er wird offen mit den Stärken und Schwächen seiner Hunde umgehen und seine Website ist informativ und transparent.

Vor der Auswahl eines Zuchthundes muss der Züchter seine Zuchtziele klar definieren. Sicherlich spielt auch die Rasse und deren Aufgaben eine wesentliche Rolle. Möchte er lustige, nette und familienfreundliche Gesellschaftshunde züchten, oder soll der Welpe als erwachsener Hund warnend am Hoftor stehen, um einen fremden Mann zu verbellen? Genau das kann man mit der Wahl der Rasse und des Charakters der Elterntiere beeinflussen. Kennt man die Zuchttiere, hat man gute Chancen, als Welpenkäufer später keine bösen Überraschungen zu erleben. Denn das Wesen vererbt sich nicht nur, sondern wird auch durch Nachahmung und Lerneffekte in der Wurfkiste sowie im späteren Leben beim Besitzer gefestigt.

Sozialisation und Wesen

Die Prägung und Sozialisation der Welpen ist entscheidend und legt einen wesentlichen und irreversiblen Grundstock für die weitere Entwicklung. Der Züchter sollte auf jeden Fall darauf achten, die Welpen ihrem Alter entsprechend mit Umweltreizen zu konfrontieren, sie regelmäßig anzufassen und positiven Kontakt zu Menschen zuzulassen. Auch Alltagsgeräusche dürfen nicht fehlen. So sollten Staubsauger oder ein Föhn zur Grundausstattung gehören, um die Welpen angemessen zu sozialisieren. Ein enger Kontakt zum Muttertier und zu den Menschen ist als selbstverständlich anzusehen. Welpen, die isoliert großgezogen werden, können später durch schwere Wesensprobleme auffällig werden, im schlimmsten Fall nicht alltagstauglich sein und ein Leben lang leiden.

Ein guter Züchter vermittelt sowohl seiner Mutterhündin als auch seinen Welpen immer ein Gefühl von Geborgenheit und Sicherheit. Die Frustrationstoleranz kann auch bei einem normal großen Wurf schon im Welpenalter gesteigert werden. Es ist heutzutage für viele Menschen von großer Bedeutung, dass sich der Hund im Alltag auch einmal zurücknehmen und Frust aushalten kann. Dieses Verhalten ist vom Hund zu erlernen. Teilweise genetisch bedingt ist jedoch, wie schnell der Welpe lernt, sich zurückzunehmen, und wie gut er mit diesen Situationen umgehen kann. Hier spielt die Adrenalinausschüttung eine wesentliche Rolle. Natürlich kommt es auch darauf an, wie punktgenau man ein gewisses Verhalten verstärkt. Doch die Grundlagen bezüglich des Wesens werden schon im Mutterleib beeinflusst. Wenn die Mutterhündin in der Trächtigkeit ein Hühnchen rupft oder einem Hasen hinterhersprintet, schüttet sie einen Hormoncocktail aus, der über die Blutbahn zu den Welpen gelangt. Das Fundament für einen jagdambitionierten kleinen Kerl ist somit gelegt. Manchmal ist das auch gewünscht, so wie bei einigen Jagdhunderassen, die später ihren Job mit dem Jäger gut erfüllen sollen. Genießt die Mutterhündin eine unaufgeregte und ruhige Trächtigkeit, ist der Grundstock für die Welpen ein anderer.

Eine gute Zuchtplanung hat für diese neugeborenen Welpen die Karten schon gemischt. (Foto: S. König)

Elterntiere und Vorfahren

Sicherlich entsteht das Wesen eines Hundes nicht von heute auf morgen. Es ist vielmehr ein dynamischer Prozess, der aus einzelnen Bausteinen besteht. Deshalb sollte sich der Züchter vor der Auswahl seiner Verpaarung die Elterntiere und auch die weiter zurückliegenden Generationen genau ansehen. Aggressivität ist eines der Verhaltensmerkmale mit der höchsten Erblichkeitswahrscheinlichkeit. Fragen Sie unbedingt nach, wie der Deckakt vonstatten ging. Auch bei diesem Ereignis schüttet die Hündin Hormone aus, die bereits ihre Eizellen beeinflussen können. Passiert der Deckakt nicht aus freien Stücken, sondern wird die Hündin dazu gezwungen, ist das keine gute Ausgangslage für die kleinen Zwerge. Der Züchter sollte auf eine liebevolle Zusammenführung und die Berücksichtigung der Bedürfnisse beider Hunde achten. Die Wesenszüge von Rüde und Hündin sind ausschlaggebend für den kommenden Wurf. Man sollte sich selbst davon überzeugen, wie stressempfindlich, hibbelig oder entspannt die Rasse grundsätzlich und die auserwählten Elterntiere im Einzelnen sind. Was erwarte ich später von meinem Welpen? Das ist eine gute Frage, um zu wissen, wo die Reise hingehen soll. Doch nicht nur das Wesen ist ausschlaggebend für einen Zuchthund. Auch die anatomische Gesundheit und die genetische Gesundheit spielen eine große Rolle. Und auch hier ist das Zuchtziel eines jeden Züchters individuell. Soll der Hund ausdauernd traben oder Arbeiten als Hütehund verrichten, müssen verschiedene Anforderungen an das Gebäude und die Merkmale des Hundes erfüllt werden. Wählt man eine anatomisch gesunde Rasse aus, setzt man hier bereits den Grundstein für eine Zukunft mit entsprechend guter Lebensqualität für Mensch und Hund. Ich würde den Züchter auf jeden Fall fragen, warum er genau diese beiden Elterntiere gewählt hat und was er sich aus dieser Verpaarung verspricht. Man kann dann überprüfen, ob die Zuchtziele mit den eigenen Vorstellungen eines Welpen übereinstimmen.

Zuchtstrategien

Es gibt verschiedene Wege und Zuchtstrategien, um als Züchter sein Ziel zu erreichen. Innovative Vorgehensweisen wie der Einsatz von Gefriersperma, geplante Doppelbelegungen oder lieber auf Altbewährtes zurückgreifen? Das ist eine schwierige Frage und im Einzelfall hinsichtlich der Gesamtpopulation der entsprechenden Rasse und der Zuchtziele zu entscheiden. Manche Zuchtstrategien, die früher gang und gäbe waren, sind heute tierschutzrechtlich verboten.

Dazu zählt die Inzestzucht. Hier werden Vollgeschwister oder Eltern mit ihren Nachkommen oder auch Halbgeschwistern verpaart. Früher war diese Zuchtweise eine Möglichkeit, um zu sehen, welche Krankheiten in der eigenen Linie dominieren. Doch nicht nur die negativen Aspekte kamen zum Vorschein, sondern es wurden auch positive Eigenschaften gefestigt. Damals gab es noch keine Labore, die das Blut der Hunde für jedermann zu erschwinglichen Kosten und so umfangreich wie heute auf Erbkrankheiten untersuchen konnten. Somit war, wenn man so will, die Inzestzucht ein gewisser „Gentestersatz". Dies geschah aber nicht selten zum Leidwesen der Tiere. Dazu kommt allerdings auch, dass von einigen Rassen nach dem Zweiten Weltkrieg nicht mehr viele Vertreter übrig waren. Somit basieren einige unserer Rassehunde auf wenigen Ausgangstieren und der Genpool ist dementsprechend eng. Auch diese Gegebenheiten machten es den Altzüchtern schwer, mit einem geringen Inzuchtgrad zu züchten. Verpaart man eng verwandte Hunde miteinander, festigt sich zwar ein gewisser Phänotyp (Erscheinungsbild), geht aber gleichzeitig zulasten der genetischen Varietät. Der Inzuchtgrad erhöht sich und der Ahnenverlustkoeffizient sinkt. Führt man diese Zuchtstrategie über mehrere Generationen fort, entsteht eine Inzuchtdepression, die der Rasse unter Umständen „den Kopf kosten" kann. Fertilitätsstörungen und das gehäufte Auftreten von Krankheiten sind ein Anzeichen für solch einen Beginn.

Gesundheit

Doch wie soll man nun Hunde züchten, die einheitlich aussehen, aber eine größtmögliche genetische Varianz besitzen? Das ist die Herausforderung der modernen Hundezucht. Das Internet ermöglicht heutzutage eine schnelle Recherche. Plattformen und Datenbanken stellen digitalisierte Ahnentafeln zur Verfügung und gewährleisten eine automatisierte Berechnung von Zuchtparametern. Doch diese Vorgehensweise bedeutet nicht, dass man sich zurücklehnen kann und sich alles von allein plant. Der Züchter sollte sich den Deckrüden vorab live ansehen, ihn anfassen und prüfen, ob er auch dem entspricht, was auf den vorhandenen Bildern zu sehen ist.
Achten Sie genauestens darauf, dass die ausgewählten Elterntiere alle Gesundheitsuntersuchungen erfolgreich absolviert haben und keine anderweitigen Erkrankungen vorliegen. Es sollen auf keinen Fall Hunde verpaart werden, die die gleiche Disposition für eine Erkrankung mitbringen. Ich würde Ihnen empfehlen, den Züchter um Einblick in die Gesundheitsakte der Hunde zu bitten. Ein guter Züchter wird sich über diese Bitte freuen, denn es vermittelt ihm den Eindruck, dass Sie sich grundlegende Gedanken gemacht haben und die Welpen nicht nur durch eine rosarote Brille betrachten. Championate sind eine nette Ergänzung in der Zucht. Sie dürfen aber niemals über die gesundheitlichen Aspekte hinwegtäuschen. Beide Elterntiere sollen sich gegenseitig ergänzen, zueinander passen und sich vor allem mögen. Man sagt nicht umsonst: „Sie

Die Welpen sollten mit verschiedenen Reizen konfrontiert werden. (Foto: S. König)

müssen sich riechen können." An diesem Satz ist etwas Wahres dran. Körperliche Fitness, eine hohe Fertilität, die man auch am Fortpflanzungswillen erkennt, und die Gesundheit hinsichtlich Wesen, Genetik und Anatomie bilden ein gewisses Grundgerüst für einen erfolgreichen Wurf.

Nachzuchtbeurteilung

Wenn man als Züchter alle Gegebenheiten in Betracht ziehen möchte, sollte man sich die bisherigen Würfe und das vorangegangene Deckverhalten von Hündin und Rüde vorab auf jeden Fall ansehen. Wenn es Fehler gab, kann man sich auf alle Eventualitäten einstellen. Zahnfehler, Hodenhochstand oder Nabelbrüche können unter Umständen eine unumgängliche OP nach sich ziehen. Nichts ist so aussagekräftig in Bezug auf den Zuchtwert wie die bereits vorhandene Nachzucht. Gleichzeitig bekommt man ein Gefühl dafür, wie es um die Fertilität der Elterntiere bestellt ist. Ist die Hündin schon einmal leer geblieben? Gab es vielleicht vorangegangene Kaiserschnitte? Wie bei Menschenkindern spielt wahrscheinlich auch bei Welpen die Geburtserfahrung eine grundlegende Rolle für die weitere Entwicklung. Dazu kommt, dass die Neigung zu einem Kaiserschnitt erblich bedingt sein kann. Es gibt Rassen, deren Anatomie eine natürliche Geburt unmöglich macht. Hier bucht der Züchter mit der Bedeckung der Hündin gleich einen geplanten Kaiserschnitt beim Tierarzt seines Vertrauens mit. Ob man das unterstützen möchte, sollte man sich extrem gut überlegen. Der Zahnstatus eines Zuchthundes ist auch so ein Thema, das man definitiv ansprechen sollte. Ein Hund benötigt sein Gebiss und seine Zähne, um richtig fressen zu können. Fehlt die Hälfte der normalerweise 42 Zähne im bleibenden Gebiss, kann das bedeuten, dass der Hund seine Nahrung nicht mehr artgerecht aufnehmen kann. Der Züchter sollte sich vergewissern, dass der Zahnstatus beider Elterntiere in Ordnung ist.

Fazit

Wie Sie sehen, ist ein kontrolliertes und leidenschaftlich geführtes Zuchtgeschehen anspruchsvoll in jeder Hinsicht. Ich wünsche Ihnen künftig ein gutes Händchen bei der Auswahl Ihres Vierbeiners, Gesundheit und vor allem ein langes Leben zusammen.

Buchtipp:

Praxisbuch Hundezucht:
Wegweiser für Züchter und Deckrüdenbesitzer

„Dieses Kompendium deckt alles ab, was für eine erfolgreiche Hundezucht an Wissen gebraucht wird.

Sabine König & Sonja Umbach
Kynos Verlag 2018
ISBN: 978-3-9546-4165-9

FINDEN SIE ZERTIFIZIERTE ZÜCHTER IN IHRER NÄHE!
www.vdh.de/welpen
VDH
✔ Ausgebildete Züchter
✔ Kontrollierte Zuchtstätten
✔ Geimpfte und gechippte Welpen
✔ Strenge Zuchtbestimmungen

DIE VERANTWORTUNG DES ZÜCHTERS

(Foto: M. Franck)

VON ROLF C. FRANCK

WAS MAN VON EINEM GUTEN ZÜCHTER ERWARTEN KANN UND SOLLTE

Denkt man an die Verantwortung eines Hundezüchters, fallen einem als Erstes einige naheliegende Dinge ein: die richtige Auswahl der Zuchtpartner, die Durchführung und Berücksichtigung der tierärztlichen und gentechnischen Gesundheitschecks, die gute Ernährung der Mutterhündin und der Welpen, die Sicherstellung der medizinischen Betreuung vor, während und nach der Geburt ... All diese Punkte sollten heutzutage selbstverständlicher Standard sein. Was darüber hinausgeht, ist die gute Betreuung der trächtigen Hündin und der Welpen. Hier liegt immer noch einiges im Argen, und längst nicht jeder verantwortungsvolle und wohlmeinende Züchter tut in diesem Bereich alles, was er oder sie könnte. Dies unterbleibt meist aus Unwissenheit und oft, weil ungünstige Konzepte und Glaubenssätze im Weg stehen. Dabei hat ein Züchter so viel Einfluss und kann so vieles bewirken; er kann im Idealfall den Lebensweg jedes Welpen und seiner zukünftigen Menschen positiv beeinflussen. Er oder sie betreut diese kleinen Wesen in den wichtigsten Wochen ihrer Entwicklung, wo so viele Weichen gestellt werden und Entwicklungswege sich öffnen oder schließen. Ja, es stimmt, der Züchter hat es in der Hand, was aus seinen Welpen wird. Natürlich kann im späteren Leben eines Hundes immer noch einiges passieren und auch schiefgehen. Wenn er am Anfang aber den bestmöglichen Start hatte, wird auch eine Krankheit oder ein Trauma ihn sehr viel weniger aus der Bahn werfen. Wie sieht diese bestmögliche Aufzucht aus? Was kann ein Züchter tun, um seinen Welpen den besten Start zu geben?

Die Menschenerfahrungen der ersten Wochen sind entscheidend für die spätere Bindungsbereitschaft. (Foto: M. Franck)

Vorgeburtliche Einflüsse

Schon seit vielen Jahren ist bekannt, welche negativen Auswirkungen übermäßiger Stress in der Schwangerschaft auf ungeborene Kinder hat. Diese Erkenntnis lässt sich direkt auf trächtige Hündinnen übertragen. Was ist aber übermäßiger Stress für eine Hündin? An erster Stelle steht da sozialer Stress, dem sie im Haus des Züchters ausgesetzt ist. Dieser kann sicher auch von der Züchterfamilie ausgehen, entweder weil der Umgang mit den Hunden unfreudlich bis grob ist oder weil es Zoff unter den Zweibeinern gibt. Eher wird eine Hündin aber durch die anderen Hunde des Züchters gestresst. Sei es, dass sie nicht genug Rückzugsmöglichkeit hat und/oder zu viele Hunde auf zu kleinem Raum gehalten werden. Wenn dann noch unterschwellige Spannungen zwischen einzelnen Hunden oder in der ganzen Gruppe herrschen, steht die Mutterhündin, und damit auch ihre Früchte im Uterus, möglicherweise während der gesamten Schwangerschaft unter Dauerstress. Oft werden Auseinandersetzungen zwischen den Hunden gerade von Züchtern als „rangordnungsbedingt unvermeidbar" angesehen und damit toleriert. Anstatt diesem Hirngespinst zu folgen, wäre es generell sinnvoll, nach den wirklichen Gründen für Konflikte zu forschen und für ein reibungsloseres Zusammenleben zu sorgen. In jedem Fall ist es nicht gut, eine trächtige Hündin in der Gruppe zu halten, solange die Stimmung nicht entspannt und gut ist. Sinnvoller wäre es, ihr während der Schwangerschaft ein wenig Prinzessinnenstatus zu geben. Sie könnte zum Beispiel allein mit im Schlafzimmer übernachten dürfen und extra allein gefüttert werden. Letzteres wird mit Fortschreiten der Trächtigkeit immer wichtiger, dann dann sollte sie sowieso häufiger gefüttert werden. Wenn dabei die anderen Hunde zuschauen müssen, könnte das Stress beim

Fressen auslösen und vielleicht auch Animositäten innerhalb der Hundegruppe.
Dass viel gestreichelte Hündinnen entspanntere Welpen bekommen als solche, die wenig bis gar nicht liebkost werden, ist nun schon seit über 50 Jahren bekannt. Die Pioniere der Hundeforschung, Scott und Fuller, hatten dazu bereits in den 1960er-Jahren geforscht. Es ist außerdem sinnvoll, den gewohnten Lebensstil nicht von heute auf morgen zu verändern, aber die Streichel-, Wohlfühl- und Schlafzeiten mit fortschreitender Schwangerschaft immer mehr auszudehnen.

Bindungsaufbau

Dass eine starke Bindung des Hundes zum Menschen alles leichter macht, ist eine Binsenweisheit. Je wichtiger ihm sein Mensch ist, desto leichter sind die Erziehung des Hundes und das gemeinsame Zusammenleben. Aber kann schon ein Züchter etwas dafür tun, dass die Welpen eine enge Bindung zu ihren späteren Besitzern aufbauen werden? Er muss sich zunächst bewusst sein, dass er von Anfang an ein Rollenmodell für die kleinen Hunde ist. Je enger seine Beziehung zu jedem Welpen wird, desto stärker werden sie auf den Bindungspartner Mensch „geprägt“. Dieser Begriff steht hier in Anführungszeichen, weil eine Prägung im biologischen Sinne, wie sie Konrad Lorenz erstmalig an Gänsen beobachtet hat, beim Hund nicht stattfindet. Und doch ist der Prozess ähnlich, der beim Hund allerdings offenbleibt und eine generelle Bindungsfähigkeit an andere Menschen aufbaut. Dies geschieht dadurch, dass der Züchter und möglichst seine Familie von Anfang an engen Körperkontakt zu jedem Welpen ermöglicht. Vorzugsweise so, dass dabei anfangs direkter Kontakt von Menschenhaut zu Neugeborenem entsteht, am besten im Bereich des menschlichen Herzens. Der Herzschlag eines Menschen wirkt dann genauso beruhigend wie der der Mutterhündin. Es geht darum, dass die Welpen sich bei den menschlichen Betreuungspersonen genauso geborgen fühlen wie bei ihr. Sanftes Streicheln und ruhiges Zureden sollten ebenfalls dazugehören. Dabei ist es in den ersten Tagen sehr wichtig, die Hündin zu beobachten. Wenn sie auch nur leicht gestresst wirkt, sobald man die Welpen hochnimmt, ist es besser, damit noch einen oder zwei Tage zu warten. Trotzdem kann man die Welpen sicher in der Welpenkiste streicheln und sanft halten. Bei all diesen ersten Bindungsübungen sollten weder die Hände noch die Haut nach Creme, Parfüm oder Desinfektionsmittel riechen. Es geht schließlich darum, auch den menschlichen Geruch mit dem Gefühl von Geborgenheit zu verknüpfen.
Mit zunehmendem Alter der Welpen weitet sich der Kontakt zum Menschen immer mehr aus. Wenn sie sehen und hören können, sollen entsprechend auch der Anblick und die Stimme von Menschen mit Wohlbefinden und Sicherheit verknüpft werden. Auch andere Erwachsene und Kinder aus dem Freundeskreis sind sicher gern bereit, sich am großen Welpenkuscheln zu beteiligen. In jedem Fall ist es die Aufgabe des Züchters, darauf zu achten, dass er oder sie selbst, wie auch der Welpenbesuch, seine liebevolle Aufmerksamkeit auf alle Welpen gleichermaßen verteilt. Zu leicht kann es passieren, dass der Lieblingswelpe des Züchters, oder solche, die durch eine besondere Farbe auffallen, mehr Kuschelzeit bekommen als andere.
In vielen Züchterhaushalten ist eher die

Fütterung aus Einzelnäpfen und Handling sorgen dafür, dass die Welpen keinen Stress beim Fressen durch die Anwesenheit von Zwei- und Vierbeiner erleben. (Foto: M. Franck)

Auch bei Ausflügen werden die Welpen individuell ausgleichend gefördert - deshalb ist hier ein Welpe mit der Leine gegen ungestümes Verhalten gesichert. (Foto: M. Franck)

Frau für die Welpenbetreuung zuständig, manchmal sind gar keine Männer vorhanden. In diesem Fall wäre es besonders wichtig, dass jeder männliche Besucher gebeten wird, am Kuschelprogramm teilzunehmen. Es ist deutlich zu beobachten, dass viele Welpen im Welpenkurs schüchtern oder sogar ängstlich auf Männer reagieren. Dies liegt sicher in den meisten Fällen an wenig bis gar keinem Kontakt zu den Herren der Schöpfung in den ersten Lebenswochen.
Je älter die Welpen werden, desto mehr sollten der Züchter und ausgewählte andere Personen mit den Welpen spielen, um ihnen den Menschen als Spielpartner vertraut zu machen. Ideal sind Zerrspiele, bei denen der Vierbeiner gleich lernt, dass man bei Zweibeinern ins Spielzeug beißen soll und nicht in Hände oder Kleidung. Über dieses Spiel wird die nächste Ebene der Bindungsfestigung genutzt, die sich nun von Woche zu Woche öffnet. Das Motto ist: „Wer mir am meisten Spaß bereitet, der ist mein bester Kumpel."
Aus all dem oben Beschriebenen ergibt sich ein weiterer ungemein wichtiger Aspekt: der Mensch als sicherer Hafen. Dadurch, dass die Welpen sich immer bei den betreuenden Menschen sicher und geborgen fühlen, werden diese zur ersten Stressbewältigungsstrategie. Damit ist gemeint, dass der junge Hund immer, wenn er sich unwohl oder ängstlich fühlt, bei seinem Menschen Schutz sucht und bekommt. Damit übernehmen zunächst der Züchter und später die neuen Besitzer auch in diesem Bereich die Rolle, die ursprünglich die Mutterhündin hatte.

Einflussnahme auf die Wesensentwicklung

Noch immer sind viele Züchter fest davon überzeugt, dass sich unter den Welpen eines Wurfes eine Rangordnung entwickelt, bei der sich gewisse Welpen durchsetzen und andere klein beigeben. Wenn man mit so einer unlogischen und überholten Sichtweise auf den Wurf schaut, lässt man es zu, dass sich feste Rollen bilden und die Welpen sich mehr und mehr unterschiedlich entwickeln. Da gibt es dann diejenigen, die immer als Erste da sind, wenn Besuch kommt, andere Welpen vermehrt einschüchtern und sie am gemeinsamen Fressring wegknurren. Auf der anderen Seite entstehen die Zurückhaltenden, die weniger menschliche Aufmerksamkeit bekommen, als Prügelknaben herhalten müssen und Fressen mit Stress verknüpfen. Daraus erwachsen alle möglichen späteren Probleme, die freilich nicht die Züchter haben, sondern die späteren Besitzer. Aus unserer Sicht ist es viel sinnvoller, alle Welpen dahingehend zu beeinflussen, dass sie ähnlich selbstbewusst und entspannt werden und weder bei Aufmerksamkeit noch beim Futter zu kurz kommen. Besonders forsche Welpen müssen vielleicht öfter sanfte Duldungsübungen über sich ergehen lassen, wie Festgehaltenwerden oder längeres Getragenwerden. Eher zurückhaltende Geschwister bekommen mehr mutmachende Erlebnisse einzeln, zum Beispiel kleine Kletterabenteuer und Erkundung unbekannter Bereiche. Sie sollten außerdem immer als Erste dem Besuch zum Kuscheln angereicht werden, damit sie lernen, dass es auch fremde Menschen gut mit ihnen meinen. Diese ausgleichende Behandlung ist natürlich nur möglich, wenn die Züchterfamilie viel präsent ist und auch bei Besuch immer ein wachsames Auge auf alles hat. Ideal ist es daher, wenn die Welpen in der Zeit beim Züchter immer mit im Wohnzimmer wohnen anstatt im extra Hundezimmer oder Hundehaus. Dies ist auch für große Rassen mit großen Würfen wichtig, und wer solche Rassen züchten möchte, braucht eben ein großes Haus und ein großes Grundstück. Überhaupt ist viel Platz im Haus und auch auf dem Grundstück ein wichtiger Faktor, zumindest bei allem, was größer als Toy- oder Zwergrassen ist. Einerseits können sich die Welpen mehr aus dem Weg gehen und sich mit anderen Dingen befassen, andererseits können die Welpen mit zunehmendem Alter selbstständig immer größere Bereiche des Grundstücks erobern.

Zusätzlich sollten die Welpen immer wieder mit unbekannten Objekten überrascht werden, die plötzlich im Garten sind. Das Wechselspiel zwischen Furcht und Neugier bei der zunehmenden Eroberung zum Beispiel der gefährlichen Gießkanne oder des Autoreifenhaufens fördert den Mut und die positive Einstellung zu neuen Situationen. Nichts gegen das Standardprogramm des engagierten Züchters, von Bällchenbad bis Nestschaukel, aber diese Dinge sollten abwechselnd und wiederkehrend neu angeboten werden. Dadurch schafft man möglichst viele Einzelerlebnisse, anstatt dass Angebote irgendwann langweilig werden. Ähnlich verhält es sich mit Ausflügen in unterschiedliche Umgebungen, anfangs zusammen mit der Mutterhündin, später nur mit Menschen als Vorturner und Anlaufstellen bei Sicherheitsbedürfnis.

Ein sehr häufiges Problem, unter dem Hunde und damit auch ihre Besitzer leiden, sind konkrete Ängste. Neben der oben beschriebenen Kombination aus „stark machenden" Erfahrungen und dem Bewusstsein, sich beim Menschen in Sicherheit bringen zu können, sollte ein guter Züchter auch hier konkret vorbeugen. Da viele Ängste durch akustische Reize ausgelöst werden, empfehlen wir den wiederholten Einsatz einer Geräusch-CD oder einer anderen digitalen Krachquelle. Anfangs werden die Geräusche nur leise abgespielt und dann von Tag zu Tag etwas lauter. Besonders effektiv ist es, den zunehmenden Krach mit angenehmen Erlebnissen zu kombinieren. Dabei gefüttert, gekuschelt oder bespielt zu werden, macht die Knall-, Gewitter- und Silvestergeräusche zu einem großartigen Erlebnis. Dieses bewirkt eine Art positiven emotionalen Puffer, der die spätere Entwicklung von Geräuschängsten sehr unwahrscheinlich macht. Weiterhin sind Krach machende Spielzeuge sehr zu empfehlen. Eine mit Futter gefüllte PET-Flasche, ein Futterball aus Hartplastik und Ähnliches leistet hier gute Dienste.

Frühe Erziehung

Sobald die Welpen Futter aus der Hand fressen, kann man sie in allen möglichen Situationen für erwünschtes Verhalten belohnen. Der wichtigste Ansatz bei der Erziehung ist es, einen Welpen dafür zu bestätigen, dass er sich brav verhält, anstatt dabei zuzuschauen, wie er sich Unsinn angewöhnt. Unerwünschtes Verhalten sollte möglichst sofort unterbrochen und umgelenkt werden. Die Grunderziehung auf die neuen Besitzer zu verschieben hieße, wichtige Zeit und günstige Gelegenheiten unnötig zu verschenken. Vieles kann einfach nebenbei ablaufen, anderes verursacht mehr Aufwand. Hier zahlt es sich wieder aus, wenn man möglichst viele Freunde und Bekannte zur Einzelbetreuung der Welpen mit einspannt.

Wenn der spätere Rufname des Welpen feststeht, sollte man diesen in allen möglichen positiven Zusammenhängen benutzen. Immer wenn dem Welpen der Futternapf hingestellt wird, sollte man dazu seinen Namen nennen und auch, wenn man den Welpen zum Kuscheln auf den Schoß nimmt und in ähnlichen Situationen. In der Gruppe kann man das Namensbewusstsein üben, indem man sich mit einer Handvoll Leckerchen zu den Welpen auf den Boden setzt, reihum einen anspricht und ihm ein Stück Futter reicht. Übt man einzeln mit den Welpen, kann man die Reaktion auf den Namen zusätzlich mit dem Clicker verstärken.

Die Welpen können schon beim Züchter lernen, während Actionzeiten ins Spielzeug anstatt in Finger, Hosenbeine oder ihre Geschwister zu beißen. Zusätzlich hilft die Förderung von Selbstkontrolle und Zurückhaltung späteren Erregungsproblemen vorzubeugen. (Fotos: M. Franck)

Das Abrufen mit den Welpen zu trainieren, ist für den Züchter die leichteste Übung überhaupt. Da er mehrfach täglich füttert, braucht er nicht einmal viel dafür zu tun, außer ein entsprechendes Abrufwort wie „Hier" oder einen Pfiff einzuführen, mit dem er die Welpenschar zum Fressen ruft. Die vielen Wiederholungen über Wochen hinweg, auf Ausflügen und an verschiedenen Orten sorgen für eine feste Verknüpfung, auf der die zukünftigen Besitzer aufbauen können. Haben die Welpen das Wort einmal gelernt, kann man sie auch in allen anderen Situationen zu sich rufen und mit Leckerchen

oder Spielen fürs Herkommen belohnen. Etwa ab der vierten bis fünften Woche macht es Sinn, die Welpen (nur unter Aufsicht) Halsband und Brustgeschirr tragen zu lassen. Damit sie eine positive Verknüpfung damit entwickeln, zieht man diese Dinge anfangs immer vor dem Füttern an und anschließend wieder aus. Um den Zeitaufwand in Grenzen zu halten, kann man bei jeder Fütterung zwei andere Welpen Geschirr oder Halsband tragen lassen, sodass jeder einmal täglich drankommt. Nach und nach geht man dazu über, den Welpen Geschirr oder Halsband über einen längeren Zeitraum anzulassen, damit sie sich daran gewöhnen.
Wenn die Welpen in Einzelbetreuung kleine Spaziergänge unternehmen, sollten sie großzügig für das Laufen an lockerer Leine geclickt und belohnt werden. Anfangs wird man schon dafür belohnen müssen, dass sie sich nicht gegen die Leine sträuben und bereitwillig mitkommen. Nach ein, zwei kurzen Trainingseinheiten sollte das Thema jedoch erledigt sein und es gibt die Clicks für das brave Nebenherlaufen.
Dass die Welpen ein Geschirr/Halsband tragen, erleichtert auch das Einüben eines Unterlassungssignals. Wir verwenden statt „Nein" oder „Lass es" ein einfaches „Äh-äh", das sozusagen international verständlich ist. Es ist definitiv nie eine gute Idee, den Welpen während der ersten acht Wochen ein Verhalten zu gestatten, das die zukünftigen Besitzer ihnen dann wieder mühsam abgewöhnen müssen. So sollte es beispielsweise selbstverständlich sein, dass die Welpen sich nicht in Hosenbeine, Ärmel oder Schnürsenkel verbeißen dürfen. Während sie dies lernen, kann man gleichzeitig das Unterlassungssignal etablieren. Hängt sich ein Welpe ans Hosenbein, sagt man „Äh-äh" und pflückt ihn sanft ab, indem man ihn am Geschirr wegzieht und in ein Spielzeug oder mit Futter umlenkt. Haben die Welpen bereits in verschiedenen Situationen die Erfahrung gemacht, dass ihnen ein Verbot mit einem Wort angekündigt wird, werden die Besitzer es nicht schwer haben, später ein Signal ihrer Wahl als Unterlassungssignal zu trainieren.
Mit der richtigen Organisation und entsprechendem Training kann der Züchter nach acht Wochen seine Welpen mit gut funktionierendem Abruf, Unterlassungssignal, nicht beißend, (nahezu) stubenrein, weltoffen, entspannt und menschenorientiert entlassen. Uns ist bewusst, dass wir die Latte für „gute" Züchter recht hoch stecken. Wenn man aber wie wir als Trainer in der Welpenschule inzwischen hundertfach mit eigenen Augen gesehen hat, wie viel leichter es für die neue Familie ist, einen Hund von einem sehr engagierten und informierten Züchter zu übernehmen, kann man guten Gewissens nur solche Züchter empfehlen. Auf der anderen Seite erlebten wir so oft, wie viele Sorgen, Tränen und Leid es verursachen kann, wenn der Zücher seinen Job nicht so macht, wie er es könnte und sollte. Inzwischen sind Fehler aus Unwissenheit oder weil „wir es schon seit 30 Jahren so machen" nicht mehr zu entschuldigen. Wir merken aber auch, dass die Welpeninteressenten aufgeklärter und im positiven Sinne anspruchvoller werden. Eine Entwicklung, die die Nachfrage nach wirklich guten Züchtern verstärkt. So werden hoffentlich zukünftig immer mehr Welpen einen optimalen Start bekommen und damit sich und ihren späteren Familien mehr Lebensqualität und gemeinsame Freude bereiten.

ROLF **C. FRANCK …**

… … Dipl. CABT (COAPE Institut, England), hat etwa 25 Jahre Erfahrung in der Hundeausbildung und ist außerdem als professioneller Verhaltensberater tätig. Gemeinsam mit Madeleine Franck leitet er die Partnerschule für Mensch und Hund in der Nähe von Bremen und hat zahlreiche Fachbücher geschrieben, u.a. „Frühförderung für Welpen. Der Züchter hat es in der Hand". Aus seiner kleinen Zucht der Lionheart Border Collies (CfBrH/VDH) sind Champions im Ausstellungs- und Obedience-Ring hervorgegangen.

www.blauerhund.de

(M)EIN ZUCHT RÜDE

(Foto: shutterstock.com/SubertT)

BEDEUTUNG DES RÜDEN FÜR DIE ZUCHT

Wenn man als Otto Normalhundebesitzer an die Hundezucht denkt, erscheinen einem zunächst die Zuchtstätte und die Hündinnen vor Augen. Zum Zeugen der Welpen braucht es allerdings auch – wer hätte es gedacht? – Rüden! Und zwar nicht nur irgendeinen Rüden, sondern einen Rüden, der „passt", sowohl was die genetischen Voraussetzungen betrifft als auch die Ziele des Züchters.

VON SONJA UMBACH

Ein Züchter hat im Wesentlichen zwei „Hebel", um die Welpen aus seiner Zucht hervorzubringen, die er sich wünscht bzw. um – kurz gesagt – sein Zuchtziel zu erreichen. Zum einen die sorgfältige Auswahl seiner Hündin, die – wenn die Hündin die Zuchtzulassung erreicht hat – als unveränderlicher Bestandteil der Wurfplanung zugrunde liegt. Zum anderen ist es die Auswahl des Rüden. Durch geschickte und sorgfältige Auswahl des Deckrüden kann und sollte man die Vorzüge der eigenen Hündin stärken und die Schwächen abmildern oder gar ausgleichen. Dies gilt für das Wesen, für gesundheitliche Merkmale sowie für das äußere Erscheinungsbild, mit dem man idealerweise einem gewissen Rassestandard möglichst nahekommen möchte.
Hündinnen haben unterschiedliche Eigenschaften und Qualitäten, ebenso wie Rüden. Verschiedene Töpfe brauchen verschiedene Deckel, und das hat seinen Sinn. Das gemeinsame Ziel aller Züchter einer Rasse sollte eine hohe genetische Diversität sein. Dies ist aber nur möglich, wenn verschiedene Deckel zur Verfügung stehen.
Zum Beispiel wird ein Züchter, der eine eher große Hündin mit einem etwas zurückhaltenden Wesen besitzt, nach einem Deckrüden Ausschau halten, der, was die Körpergröße betrifft, idealerweise im unteren Mittel anzusiedeln ist und ein souveränes Wesen hat. Die Anzahl der Eigenschaften, die ein Züchter bei seiner Wurfplanung miteinbezieht, dürfte je nach Anspruch im zwei- bis dreistelligen Bereich liegen. Nehmen wir mal an, es sind 50. Und von jeder Eigenschaft gäbe es nur zwei Ausprägungen. Selbst unter dieser vereinfachten Betrachtung kämen wir auf über 1000 verschiedene Hunde, die alle ihre Stärken und Schwächen haben. Die Kunst ist es also, aus all diesen verschiedenen Deckeln den richtigen zu seinem Topf auszusuchen.
Das ist natürlich so gut wie unmöglich, und selbst wenn – Mutter Natur und Vater Genetik haben auch hier noch ein Wörtchen mitzureden und bestimmen mit, was in die Wurfkiste purzelt, so schön der Züchter sich das im Vorfeld ausgelegt hat.
Dennoch ist jeder verantwortungsbewusste Züchter bestrebt, seine Möglichkeiten bestmöglich zu nutzen. Eine hohe genetische Diversität

innerhalb der Rasse hilft ihm dabei. Noch mehr hilft ihm jedoch eine ausreichende Auswahl an Deckrüden, also viele verschiedene Deckel für seinen Topf.
Bei vielen Rassen ist die Auswahl an Deckrüden leider sehr beschränkt. Zwar kann man sich heute die Vorteile der Globalisierung zunutze machen und leichter auf Hunde im Ausland zugreifen. Neben der gestiegenen Zahl vieler verschiedener verfügbarer Rassen (und damit der Verteilung potenzieller Zuchttiere auf mehrere Gruppen) scheint der Trend, sich immer weniger in Vereinen zu organisieren, dazu zu führen, dass sich immer weniger Menschen zur Förderung der Nachzucht begeistern lassen, da sie mit dem Thema Hundezucht kaum mehr in Berührung kommen. Früher ging man zum lokalen Rassehundeverein, um seinen Hund zu trainieren oder auszubilden und Zeit mit Gleichgesinnten zu verbringen. Die heutige Vielfältigkeit des Trainingsangebots ging vielerorts zulasten der traditionellen Vereine, weil man sich dort oft schwer damit getan hat, mit der Zeit zu gehen und sein Angebot beispielsweise beim Hundesport anzupassen.

Eignet sich mein Hund als Deckrüde?

Ihnen gefällt Ihr Rüde und Sie finden, seine Art und sein Wesen stellen eine Bereicherung für seine Rasse dar? Dann sollten Sie sich als stolzer Rüdenbesitzer einmal fragen, ob der eigene Rüde nicht dazu beitragen könnte, die genetische Vielfalt der Rasse, die Sie so lieben, zu erhalten. Und außerdem dafür zu sorgen, dass Sie einen Freifahrtschein zum Welpenknuddeln bekommen. Aber dazu später mehr.
Eine erste Orientierungshilfe bei der Frage, wie geeignet der eigene Rüde für diesen Job ist, kann ein Blick in den sogenannten Rassestandard sein. Jede von der FCI anerkannte Rasse ist in einem Rassestandard beschrieben. Diese Unterlagen finden Sie auf den Internetseiten von FCI und VDH.
Dort ist genau erklärt, wie ein Vertreter einer bestimmten Rasse aussehen sollte. Auch zum Wesen werden ein paar Anhaltspunkte genannt. Verschaffen Sie sich einen Überblick über den Standard. Auch wenn Ihnen vielleicht der eine oder andere Begriff nicht geläufig ist, bekommen Sie schnell ein Gefühl dafür, was der ursprüngliche Gedanke hinter dieser Rasse war.
Am Ende des Dokuments sind „Fehler“ und „schwere Fehler“ aufgeführt. Während so gut wie jeder Hund kleinere Abweichungen zu dem im Rassestandard beschriebenen Ideal aufweist, sind „schwere Fehler“ in der Regel zuchtausschließend. Das heißt, dass ein Hund nicht zur Zucht zugelassen wird, wenn er einen schweren Fehler hat. Steht da also, dass der fehlende Backenzahn Ihres Rüden ein schwerer Fehler ist, darf er weiterhin das Zepter auf der Couch und unter dem Esszimmertisch schwingen. Seinen Aufgabenbereich Richtung Zucht zu erweitern, ist jedoch wenig aussichtsreich.
Sie werden feststellen, dass diese Liste gar nicht so umfangreich ist, wie Sie vielleicht zu Beginn dachten. Und vielleicht wundern Sie sich, dass die ungleichmäßigen Ohren Ihres Hundes dort überhaupt nicht als „(schwerer) Fehler“ aufgeführt sind, auch wenn Sie selbst denken, dass das einer wäre. Ein Hund besteht aus mehr als nur Ohren, und vielleicht schlummert auf der Couch neben Ihnen der Vertreter einer Linie, die sehr selten ist und droht verloren zu gehen (s. Stichwort genetische Diversität), Ohren hin oder her.
Befragen Sie hierzu auch Ihren Züchter, den Sie so oder so mit ins Boot holen sollten, falls Sie sich für das Thema Zucht interessieren.
Dieser kann Ihnen Auskunft darüber geben, wie Sie sich auf die Zuchtzulassung vorbereiten können, was die Voraussetzungen dafür sind (dazu können Sie auch die Zuchtordnung des zuständigen Rassehundezuchtvereins heranziehen) bzw. ob Ihr Hund zuchtausschließende Fehler hat, die Sie selbst gar nicht als solche gesehen haben. Er wird sich sicherlich freuen, dass seine Nachzucht gefördert wird, und wird Ihnen vielleicht auch schon einen Ausblick darauf geben, wie gefragt Ihr Rüde später sein könnte.
An dieser Stelle sei jedoch gesagt, dass Sie sich, was solche Einschätzungen betrifft, mehrere Ansichten einholen sollten. Viele Züchter haben nur ihre „Töpfe“ im Kopf und bringen eine gewisse Betriebsblindheit mit. Glücklicherweise gibt es auch andere Gelegenheiten, sich ein Urteil zu seinem Hund zu bilden.
Das geht am besten beim Besuch einer Hundeausstellung. Neben den großen internationalen Ausstellungen, die man von Tiermessen kennt und die in Hallen stattfinden, haben die Rassehundezuchtvereine auch kleinere Veranstaltungen. Sie nennen sich Klubschauen und finden üblicherweise im Freien statt, wenn die Temperaturen es zulassen.
Das sind nette, überschaubare und ungezwungene Veranstaltungen. Der Besuch einer solchen Schau hat mehrere Vorteile. Zum einen lernen

Der Deutsche Pinscher „Fero“ ist trotz nicht optimaler Ohren dank seiner seltenen Ahnentafel und anatomischen Vorzüge zum gefragten Deckrüden geworden. (Foto: S. Umbach)

Sie Züchter aus Ihrer Region kennen, mit denen Sie sich über Ihren Rüden austauschen können. Zum anderen lernen die Züchter Sie und Ihren Rüden kennen, bekommen ihn live zu Gesicht und können Ihnen verraten, was sie von ihm halten. Zusätzlich können Sie und Ihr Rüde mal so eine Veranstaltung auf sich wirken lassen, da eine Bewertung in diesem Rahmen meist Bestandteil der Zuchtzulassung ist und auch Zuchtzulassungen selbst ähnlich vonstattengehen.

Vielleicht haben Sie sogar Lust, sich selbst mit Ihrem Rüden im Ring zu zeigen. Das ist einfacher, als man denkt (auch hier kann Ihnen Ihr Züchter Hilfestellung geben). Meist hat der Richter aber auch nach einer Ausstellung etwas Zeit, um sich Ihren Hund anzuschauen, wenn Sie nett danach fragen. Erzählen Sie ihm ruhig, was Sie vorhaben, und er wird Ihnen gern seine Einschätzung zu Ihrem Rüden geben.

Zur Zucht zugelassen ... und nun?

Sie sind bestärkt worden in Ihrem Vorhaben, aus Ihrem Hund einen Zuchtrüden zu machen, und haben die Zuchtzulassung sowie alle dazugehörigen Voraussetzungen erfolgreich hinter sich gebracht – und das Telefon bleibt still. Viele Deckrüdenbesitzer sind frustriert, wenn dann nicht unmittelbar danach drei Züchter mit einer läufigen Hündin auf der Matte stehen. Seien Sie etwas geduldig und nehmen Sie es selbst in die Hand. Schlussendlich hängt der Erfolg oder die Nachfrage nach einem Rüden zwar in erster Linie von seiner Eignung, aber auch zu großen Teilen von seinem Bekanntheitsgrad ab. Manchmal muss man gar nicht so viel dazu tun, und ein Hund mit beispielsweise einer seltenen Linie wird zum Selbstläufer.

Sorgen Sie also dafür, dass die Züchter auf Ihren Rüden aufmerksam werden und sich informieren können. Am besten geht das, wie bereits oben beschrieben, auf Ausstellungen oder anderen Veranstaltungen des Rassehundeklubs. Nirgends sonst können Sie live mit Ihrem Rüden bei gleichzeitig mehreren Züchtern punkten. Auch im Rassehundeverein gibt es häufig die Möglichkeit, den Rüden in Datenbanken, Deckrüdenkatalogen oder Ähnlichem zu platzieren und zu präsentieren. Zusätzlich stehen Ihnen die üblichen Kommunikationswege zur Verfügung, wie Social Media oder eine eigene Website.

Eine Website eignet sich ganz besonders, um den Züchtern alle Informationen zur Verfügung zu stellen, die wichtig sind. Einen Züchter interessiert alles, was er über einen Rüden herausfinden kann. Angefangen bei der Ahnentafel über die Gesundheitsergebnisse und eine Vielzahl von Bildern bis hin zu einer Auflistung des bisherigen Nachwuchses. Dennoch wird ein anständiger Züchter nach Möglichkeit die persönliche Begegnung mit dem Wunschrüden jedem digitalen Mittel vorziehen und versuchen, ihn vor Deckeinsatz „in echt“ zu sehen.

Während Sie sozusagen die Werbetrommel für Ihren Hund rühren, können Sie parallel schauen, was die anderen Rüden Ihrer Rasse für besondere Eigenschaften präsentieren. Was haben die anderen Rüden, was Ihrer (noch) nicht hat? Was könnte neben den offiziellen Zuchtanforderungen noch für die Züchter von Interesse sein? Das können bei bestimmten Rassen spezielle Arbeitsprüfungen oder Körungen sein, Championtitel, aber auch vor allen Dingen gesundheitliche Untersuchungen, die über das Minimum, was die Zuchtordnung fordert, hinausgehen. Das sollten Sie unterstützen und Ihren Hund ebenfalls den gängigen Untersuchungen unterziehen.

Zu viel des Guten: der Popular-Sire-Effekt

Wenn man sich mit der Hundezucht beschäftigt, ist es wichtig, sich ein Bild davon zu machen, welchen Einfluss der eigene Rüde in der Zucht haben wird oder kann. Als Beispiel dafür, dass ein Züchter in Generationen denken muss, wollen wir an dieser Stelle den „Popular-Sire-Effekt" erklären.
Wir haben im ersten Drittel des Artikels über die Wichtigkeit einer hohen genetischen Diversität gesprochen. Sie ist unabdingbar für den langfristigen Erhalt einer Rasse, da ansonsten durch die sogenannte „Inzuchtdepression" sowohl die Fertilität der Zuchthündinnen und/oder Rüden sinkt. Darüber hinaus schrumpfen die Möglichkeiten der Züchter, Auffälligkeiten entgegenzuwirken, die durch eine Linie in der ganzen Rasse Fuß gefasst haben. Das passiert leider immer mal wieder, dass ein Rüde inflationär oft im Einsatz ist und sich die Zahl seiner Deckeinsätze verselbstständigt, auch wenn das vielleicht von Züchter- als auch von Deckrüdenbesitzerseite ursprünglich anders geplant war.
Deckakte werden zugesagt, dann werden die Hündinnen nicht läufig, der Rüde deckt andere Hündinnen, Erstere werden dann doch läufig, der eigene Züchter will seine Hündin auch vorbeibringen, es wird für eine Weltsiegerhündin angefragt, der man unmöglich absagen kann, usw., usw.
Häufig herrscht einfach Unwissen darüber, was man da gerade populationsgenetisch anstellt, und manchmal ist es den Deckrüdenbesitzern egal oder es ist sogar gewollt, dass der eigene Rüde so oft wie möglich deckt.
Kommt ein Rüde überdurchschnittlich oft in kurzem Zeitraum zum Deckeinsatz, wird er als „Popular Sire", seltener auch als „Matador" bezeichnet. Erinnern Sie sich an die beiden Hebel oder an den Topf und den Deckel? Jedes Mal, wenn ein Rüde überdurchschnittlich häufig deckt, bringt er sein eigenes, bereits zu häufig vorkommendes Genmaterial erneut in die Rasse ein und beraubt gleichzeitig einem anderen Rüden, der selten oder gar noch nie gedeckt hat, die Möglichkeit, durch eigenes Genmaterial die Zucht mitzugestalten. Anders gesagt: Die Deckel werden immer ähnlicher. Die Töpfe gezwungenermaßen auch, das beschleunigt das Ganze nur. Das Resultat sind die oben beschriebenen Inzuchtdepressionen oder Erbkrankheiten, die sich erst dann zeigen, wenn die Nachkommen in den späteren Generationen sich vermehren und der Popular Sire bereits in vielen Ahnentafeln auffindbar ist. Kurzum: Klasse statt Masse heißt hier die Devise. Sollten Sie tatsächlich gleich zu Beginn viele Anfragen haben, bitten Sie den dritten, vierten, fünften anfragenden Züchter um Geduld. Die richtigen, verantwortungsvollen Züchter werden Verständnis dafür haben bzw. Ihr Vorhaben diskutieren und Alternativen mit Ihnen abstimmen.
Mit ein wenig Engagement für Ihre Rasse und Fingerspitzengefühl für die Belange der Züchter können Sie mit einem guten Deckrüden vieles erreichen.
Und wenn Ihnen das alles zu aufwendig erscheint, eins ist gewiss: Das Glück, das auch Sie den Welpenbesitzern bescheren, und ein Bad in der Welpenmenge aus Töchtern und Söhnen Ihres Lieblings werden Sie für all das mehr als entlohnen.
Wagen Sie es, es lohnt sich. Für Sie, für die Ihnen am Herzen liegende Hunderasse und für Ihren Rüden sowieso.

SONJA
UMBACH …

… hat zusammen mit Sabine König das „Praxisbuch Hundezucht" geschrieben, ist selbst Deckrüdenbesitzerin und züchtet Deutsche Pinscher unter dem Namen „vom Blauen Haus".

www.pinschervomblauenhaus.de

WOZU BRAUCHT EIN HUND PAPIERE?!

Jede seriöse Züchterin, jeder seriöser Züchter kennt solche Anrufe: Jemand erkundigt sich nach einem Welpen, dann wird der Ton etwas leiser und die Stimme klingt beiläufiger, denn jetzt kommt es zu einem vermeintlich peinlichen Thema: Sie bräuchten für den Welpen keine Papiere, der wäre ohne Papiere doch auch bestimmt billiger, oder?! Ohne dass die Anrufenden es beabsichtigt haben, kann das Telefonat jetzt sehr schnell zu Ende gehen. Für die meisten Züchter ist nämlich damit klar, dass die Interessenten nicht für einen ihrer Welpen infrage kommen. Merkwürdig, oder? Denn scheinbar geht es nur um das Thema „Papiere". Doch das stimmt nicht, denn es geht um das Thema „Geld", den Betrag, den Rassewelpen mit Papieren teurer sind als Rassewelpen ohne Papiere.

VON THOMAS SCHWANK

Was soll das denn alles mit den Papieren für Welpen? Schauen wir uns einmal an, wozu sie dienen und ob sie überflüssig sind. Dafür beschreibe ich vier verschiedene Szenarien, wie Menschen an „ihren" Welpen kommen. Und wenn Sie Welpeninteressent sind, gehören Sie mit Sicherheit zu einer der Kategorien, wetten?

EINE FRAGE DER TIERLIEBE

▶ Kategorie 1
Der Mischlingswelpe

Bei uns im Ort hat eine süße Hündin einen bezaubernden Wurf mit „Nachbars Lumpi". Die Besitzer kümmern sich aufopfernd um die Mama und die Aufzucht der Welpen, impfen und chippen die Kleinen vor der Abgabe. Klar bekommen die keine Papiere, aber dafür sind sie mit Hingabe und Liebe aufgezogen worden und Mischlinge sind doch sowieso die gesündesten Hunde. Warum sollen wir also davon keinen nehmen?

Das sagt ja keiner. Selbstverständlich gab und gibt es solche Würfe und solche Welpen, die gesund sind und ihnen ein Leben lang Freude machen werden. Aber mal abgesehen davon, dass die Familie die Welpen liebevoll aufgezogen hat, wissen Sie nicht, mit wie viel Sachverstand sie an die Trächtigkeit und die Welpenaufzucht herangegangen ist. Im frühesten Welpenalter und teilweise bereits

(Foto: shutterstock.com/demanescale)

im Mutterleib werden viele Weichen für die lebenslange Gesundheit, für Wesenszüge und Verhalten gestellt. Darüber hinaus ist der kleine, sicherlich bezaubernde Mischling eine genetische Wundertüte. Sie wissen nicht unbedingt, wie groß der Hund wird, ob er einen Jagdtrieb, Schutztrieb oder Herdentrieb entwickeln wird und welche Krankheiten genetisch in ihm schlummern. Charakterschwächen wie Bissigkeit oder Ängstlichkeit können vererbt werden, und Sie wissen nichts über die Großeltern, eventuell sogar nicht einmal etwas über den Vater der Welpen, doch sie entscheiden genetisch sehr viel mit. Wenn Sie sich dessen bewusst sind und für den kleinen Mischling die Verantwortung übernehmen möchten – wunderbar.

▶ Kategorie 2 Hundenwelpen ohne Papiere

Sie denken, es gibt doch auch Rassehunde ohne Papiere, von netten Menschen, bei denen alles in Ordnung scheint. Die Besitzer haben für ihre Pudeldame oder sonstige Rassehündin einen entsprechenden Rüden gefunden. Die Welpen sind also reinrassig, sind mit Liebe aufgewachsen, und da die Welpen keine Papiere haben, sparen Sie ein paar Hundert Euro. Alles gut? Leider nein! Gehen wir einmal davon aus, dass Sie einen richtigen Eindruck hatten und es eine nette Familie ist und Sie nicht auf die perfide Betrugsmasche eines Hundevermehrers hereingefallen sind. So haben Sie auch hier keine Sicherheit, ob der Welpe wirklich mit Sachverstand aufgezogen und gut sozialisiert wurde. Ganz zu schweigen davon, dass eventuell ein anderer Rüde als angegeben der Vater des Wurfes ist, es gibt darüber ja keinen schriftlichen Beleg, und so mancher vermeintliche Rassewelpe ohne Papiere hat sich zu einem riesigen Mischling ausgewachsen. Sie müssen sich auch auf die Aussage der Verkäufer verlassen, dass auf die Gesundheit der Mutterhündin sorgsam geachtet wurde. Sie können der Hündin nicht ansehen, wie viele Würfe sie bereits hatte oder ob ihr angemessene Erholungsphasen zwischen den Würfen gewährt wurden. Doch das viel größere Problem für die neuen Welpenbesitzer ist: Sie kaufen einen vermeintlichen Rassehund, der ohne jegliche Eignungstests und Gesundheitstests der Elterntiere und ohne Zuchtwissen zustande gekommen ist. Die meisten Hunderassen, vom kleinsten Chihuahua bis zum riesigen Irish Wolfshound, haben Prädispositionen für bestimmte rassetypische Krankheiten, seien es verschiedene Formen von Augenerkrankungen (z. B. Katarakte, Ektropium, Entropium), Patellaluxation, Hüftdysplasie, Ellbogendysplasie, Stoffwechselerkrankungen. Ein Blick auf die Websites von Laboren, die unzählige Gentests für alle möglichen Hunderassen anbieten, zeigt dabei lediglich, was aktuell schon getestet werden kann. Doch die meisten rassebedingten Krankheiten sind (noch) nicht über Gentests nachzuweisen. Die nette Familie, die ihren bezaubernden Rassehund mal eben mit einem anderen Rassehund verpaart hat, wird Ihnen nichts über die potenziellen Risiken sagen können. Diese „Züchter" sind nicht verpflichtet, die Elterntiere eingehend von Tierärzten durchchecken zu lassen, müssen keine notwendigen Gentests und andere für diese Rasse empfohlenen Untersuchungen vorweisen und kennen vielleicht noch nicht einmal die Rassedispositionen. Darüber hinaus sind die Ahnen der Elterntiere zumeist nicht bekannt und Sie wissen nicht, ob ungewünschte bzw. negative Eigenschaften von Großeltern, Urgroßeltern etc. durchschlagen können. Rassebedingte mögliche Wesensschwächen, wie Überängstlichkeit, Hypernervosität oder Aggression, können aus nicht passenden Verpaarungen resultieren. Dieses Risiko ist bei Welpen mit Papieren deutlich niedriger, da in Rassehundevereinen die Tiere Wesenstests unterzogen werden und bei den Mitgliedern enormes Wissen zu finden ist, in welchen Zuchtlinien welche Probleme liegen können und welche Tiere besser nicht miteinander verpaart werden. Das gehört unbedingt zum Ehrenkodex seriöser Züchter dazu: mit Fachwissen gesunde, rassetypische Hunde zu züchten. Oder anders ausgedrückt: Es gehört viel mehr dazu, als einen beliebigen Rassehund mit einem anderen beliebigen Hund seiner Rasse zu verpaaren, um einen gesunden Rassehund zu züchten. Ich persönlich würde einen Rassehund ohne Papiere nicht kaufen, das Risiko wäre mir zu groß.

▶ Kategorie 3 Gelegenheitswelpe

Und dann tritt er plötzlich in Ihr Leben, der Gelegenheitswelpe, bekannt auch als Schnäppchen- oder Wühltischwelpe. So ein Welpe findet auf subtile Weise zu Ihnen. Sie surfen im Netz oder lesen den Tiermarkt in Ihrer Zeitung, auf einem Flohmarkt stoßen Sie auf jemanden, der heimlich auch Welpen verkauft. Auf jeden Fall gelangen Sie in eine Situation, die genau für Sie geschaffen scheint. Ihre Neugierde ist geweckt, Sie werden aktiv und stehen schließlich vor ihm: Ihrem Welpen. Eine kleine Bulldogge, ein Jack Russell oder Labrador, je nachdem, welchen Rassehund Sie sich wünschen. Dieser Welpe

WIE KAM ES DAZU, DASS ES PAPIERE FÜR HUNDE GIBT?

Papiere für Hunde sind Stammbäume / Herkunftsnachweise, die seit Beginn der modernen Rassehundezucht ausgegeben werden. Diese moderne Art der Zucht begann in der Mitte des 19. Jahrhunderts in England. Dort wurden Zuchtbücher eingeführt. Zuchtbücher sind Unterlagen, in denen Hunde registriert werden. Darüber erhalten die Besitzer der Hunde Nachweis, ihre Papiere.
In den späten Jahrzehnten des 19. Jahrhunderts wurden auch viele Standards für die verschiedenen Hunderassen erstellt und die Hundeschauen für die Bewertung der Rassehunde etabliert. Der Britische Kennel Club wurde 1873 gegründet und bündelte die Organisation der Hundezucht unter seinem Namen.
Von England aus breitete sich diese Form der Hundezucht weltweit aus. Heutzutage gibt es vier große Dachverbände, neben der Fédération Cynologique Internationale (FCI) gibt es weiterhin den Britischen Kennel Club (KC), den American Kennel Club (AKC) sowie den Canadian Kennel Club (CKC). Diese vier Verbände erkennen ihre Registrierungen gegenseitig an.
Und warum jetzt dieser große Aufwand? Ganz einfach:

Damit sind verbindliche Rassestandards festgelegt, nach denen Züchter züchten.
Darum sieht ein Pudel weltweit aus wie ein Pudel, eine Französische Bulldogge wie eine Französische Bulldogge usw.
Und natürlich regeln diese Dachverbände auch, wie Hunde gehalten und unter welchen Auflagen mit ihnen gezüchtet werden darf.

Rassehundwelpen ohne Papieren kommen nicht selten aus illegalem Welpenhandel und bringen diverse gesundheitliche Probleme mit. (Foto: shutterstock.com/ JOKE PHATRAPONG)

wird Sie mit seinem süßen Aussehen und Verhalten emotional überwältigen, die Verkäufer erzählen Ihnen eine Geschichte, die schlüssig ist, die Sie vielleicht sehr berühren wird und die Sie schließlich glauben. Sie kaufen diesen entzückenden kleinen Hund.
Doch schon am nächsten Tag geht es dem Kleinen schlecht, er wirkt schwach, ist kaum noch bei Bewusstsein, vielleicht bekommt er Durchfall, erbricht sich. Sie versuchen die Verkäufer zu erreichen, aber niemand geht mehr ans Handy, denn Sie sind einem Hundehändler auf den Leim gegangen. Tierärzte werden Ihnen erklären, dass der Welpe mit Cortison „hochgespritzt" wurde, damit er während Ihres Kaufgesprächs aktiv und normal wirkte. Denn gesundheitlich ist der Welpe leider schon am Ende. Staupe oder Parvovirose sind schwere Krankheiten, die in den letzten 20 Jahren kaum noch in Deutschland vorgekommen sind; bei solchen Welpen sind sie tragischerweise an der Tagesordnung. Diese Viruserkrankungen verlaufen meist tödlich. Sie werden Tage, vielleicht Wochen um das Leben dieses Hundes kämpfen, vorausgesetzt Sie haben die finanziellen Mittel. Die Behandlungskosten können leicht im vierstelligen Bereich landen. Falls der Welpe überlebt, kann es sein, dass er Folgeschäden davontragen wird, unter denen er sein ganzes Leben lang leiden muss. Falls Sie nun glauben, ich übertreibe, das seien doch Ausnahmefälle: Nein, so ist es leider nicht, der internationale Hundehandel ist ein florierender Markt, in dem weit über eine Milliarde Euro umgesetzt wird.
Die meisten illegal nach Deutschland importierten Hunde kommen aus Osteuropa, Rumänien, aber auch Ungarn, Serbien und Bulgarien gehören zu den Hauptlieferanten. Die Welpeninteressenten werden zwar immer vorsichtiger, denn inzwischen weiß jeder, dass es Hundehändler gibt. Doch darauf reagieren die Hundehändler, ihre Tricks werden immer perfider. Es werden Wohnungen angemietet, z. B. über Airbnb, nur um eine heile Hundewelt vorzugaukeln. Papiere, Impfpässe, Untersuchungsgut-

achten werden reihenweise gefälscht. Die Hundeforen im Internet, auf Facebook oder sonstwo sind voll von vermeintlich netten Menschen, die süße Fotos von ihrem neuen Welpen posten, Yorkshire Terrier, Boston Terrier, Weimaraner, alle Rassen. Die Geschichten sind immer ähnlich, der Welpe sei von einem Freund, der habe vielleicht noch einen, der Kontakt wird gern hergestellt. Der Rest läuft über private Chats.
Vielleicht stirbt Ihnen so ein Welpe nicht direkt unter den Händen weg, wir gehen einfach mal von einem vermeintlichen Glücksfall für Sie aus. Leider sind diese Welpen nicht artgerecht geprägt und werden verhaltensgestört bleiben, denn vieles, was früh versäumt wurde, lässt sich später im Hundeleben nicht mehr erlernen. Meistens werden die Welpen der Mutter viel zu früh mit vier bis fünf Wochen weggenommen und nach Deutschland zum Verkauf verfrachtet. Vielleicht glauben Sie, Sie hätten diesen misshandelten Welpen aus der Hundehölle gerettet, er ist ja nun schon einmal auf der Welt und braucht jemanden, der sich um ihn kümmert. Doch genau diese fürsorglichen Gefühle sind es leider, die die skrupellosen Hundehändler ausnutzen. In den Verschlägen der osteuropäischen Hundemafia vegetieren Tausende Hündinnen und Welpen unter erbärmlichen Bedingungen, ohne Bewegung, häufig ohne Licht, Wärme, geschweige denn mit menschlicher Zuneigung. Sie werden mit minderwertigem Futter bzw. Abfällen am Leben gehalten, sodass sie gerade noch gebärfähig sind. Viel zu jung müssen sie bereits Welpen austragen. Die Kleinen werden ihnen nach wenigen Wochen weggenommen, sobald sie zugefüttert werden müssen und somit Geld kosten. Dann werden die Hündinnen mit Hormonen wieder läufig gespritzt, um sie sofort wieder Welpen austragen zu lassen. Spätestens nach vier bis fünf Jahren sind die Hündinnen restlos ausgelaugt und werden getötet. Dieser traurige, tierquälende Kreislauf bleibt erhalten, solange Menschen auf eine Gelegenheit hoffen, besonders günstig einen Welpen zu bekommen. Den Preis dafür zahlen die unsichtbaren Elterntiere mit ihrem Leben. Bitte unterstützen Sie so etwas nicht!

▶ Kategorie 4
Rassehund aus kontrollierter Zucht

Müssen Sie beim Kauf eines Welpen aus VDH-Zucht auch kritisch sein? Natürlich. Wenn Sie zu einem VDH-Züchter gehen, müssen Sie auch hier auf das Umfeld und die Bedingungen achten, in dem die Welpen aufwachsen, denn überall gibt es schwarze Schafe, die sich nicht an Auflagen halten.
Aber: Der Verband für das Deutsche Hundewesen (VDH) ist der Dachverband für alle seriösen Rassehundevereine in Deutschland. Um überhaupt im VDH züchten zu dürfen, müssen die Züchter Fortbildungen besuchen und

THEMA QUALZUCHT: WORAUF MUSS ICH BEIM WELPENKAUF ACHTEN?

Bei dem Thema Qualzucht sieht man doch, dass auch in der seriösen Hundezucht längst nicht alles richtig läuft, oder? Das stimmt, manche Züchter in Rassehundevereinen haben in den letzten Jahrzehnten übertriebene Rassemerkmale herausgezüchtet, z. B. die abfallenden Rücken der Deutschen Schäferhunde, den Kleinwuchs und die Apfelköpfchen der Chihuahuas oder eben die extrem kurzen Schnauzen bei Bulldoggen und anderen Rassen. Aber zahlreiche Züchter dieser Rassen haben sich nicht daran beteiligt, und der VDH hat längst reagiert und Gegenmaßnahmen ergriffen. So wurden z. B. in enger Zusammenarbeit mit der Bundestierärztekammer und der Deutschen Veterinärmedizinischen Gesellschaft ein Belastungstest entwickelt, um in der Mopspopulation die belastbaren und somit gesunden Hunde als Grundlage einer besseren Zuchtrichtung zu identifizieren.
Auffällig ist auch, dass bei beliebten Rassen mit Qualzuchtmerkmalen wie dem Mops oder der Französischen Bulldogge nur noch sehr wenige Hunde aus dem VDH stammen. Der Marktanteil liegt schätzungsweise bei unter zehn Prozent der in Deutschland verkauften Hunde dieser Rassen. Natürlich trägt der VDH als Hobbyzuchtverband eine Mitschuld, aber er hat inzwischen reagiert. Die seriösen Rassehundevereine setzen auf Programme zur Verbesserung der Gesundheit und bemühen sich um den langfristigen Erhalt dieser Rassen.
Die Verursacher dieser massiven Probleme mit Hunden, die Qualzuchtmerkmale aufweisen, sind offensichtlich ganz woanders zu finden, wenn über 90 Prozent der Möpse und Französischen Bulldoggen außerhalb der organisierten Zucht verkauft werden: bei den Hinterhofzüchtern und den Vermehrern. Die befriedigen die riesige Nachfrage nach bestimmten Rassehunden und ihnen ist dabei die Gesundheit der Hunde völlig egal. Es liegt also wesentlich an den Käufern, die ohne nachzudenken beim Hundekauf ein Schnäppchen machen wollen. Die anfallenden Kosten für die Behandlung der Krankheiten, das Leid ihres künftigen Hundes haben sie dabei leider nicht im Blick.

Die „Papiere“ belegen, dass ein Rassehund aus kontrollierter Zucht stammt. (Foto: shutterstock.com/Vellicos)

Basiswissen in der Zucht nachweisen. Die Zuchtstätte, also meist das Zuhause der Züchter, wird von einem ausgebildeten Zuchtwart kontrolliert, der prüft, ob sie den strengen Vorgaben der Zuchtordnung und der Tierschutzgesetze gerecht wird. Natürlich werden auch die Hunde, mit denen gezüchtet werden soll, genau untersucht und bei Ausstellungen und Zuchtzulassungen überprüft, ob sie den Rassestandards entsprechen. Die geplanten Verpaarungen werden geprüft, vollzählige Gesundheitsuntersuchungen der Eltern müssen vorgelegt werden, um z. B. mögliche Krankheiten zu verhindern. Was ebenfalls von entscheidender Bedeutung ist: In Deutschland dürfen Zuchthündinnen höchstens zwei Kaiserschnitte haben. Danach darf nicht mehr mit ihnen gezüchtet werden. Auch müssen Zuchtpausen eingehalten werden, um die Hündinnen nicht zu überlasten. Darüber hinaus müssen die Züchter die Welpen einem Tierarzt vorstellen, der sie eingehend untersucht, impft und chippt, ansonsten bekommen die Züchter keine Papiere für die Welpen. In diesen Papieren, den Ahnentafeln, sind dann die Vorfahren des jeweiligen Hundes eingetragen, Gesundheitsuntersuchungen der Ahnen, die Zuchtbuchnummer des Welpen sowie Angaben zu den Züchtern und Besitzern. Diese Papiere werden im Laufe eines Hundelebens aktualisiert, z. B. durch Vermerke über eine erworbene Zuchtzulassung. Wenn Sie sich also für einen Welpen mit Papieren entscheiden, sind folgende Dinge gewährleistet: Ausbildung der Züchter, Registrierung der Hunde, Kontrolle der Zuchtstätten, der Zuchttiere auf Eignung und Gesundheit, der Welpen und deren zwingende Untersuchung durch Tierärzte. Das kostet Geld und macht den finanziellen Unterschied zu einem Welpen ohne Papiere aus. Wenn Sie einen Welpen aus kontrollierter Zucht kaufen, ist die Chance mit Abstand am größten, einen gesunden und artgerecht sozialisierten Welpen zu bekommen. Und das zahlt sich vor allem im unbeschwerten Glück aus, das Sie mit Ihrem gesunden Hund erleben werden.

THOMAS **SCHWANK ...**

… war Redakteur, Produktmanager beim Deutschen Sportfernsehen und Geschäftsführer einer PR-Agentur, bevor er sich aufs Drehbuchschreiben, u.a. für den Tatort konzentrierte. Für die Filme „Die fremde Frau“ und „Die Frau am Ende der Straße“ wurde er jeweils für den Grimme-Preis nominiert. In seinem gemeinsam mit Theo Solnik gedrehten Dokumentarfilm THIS IS A DOG'S WORLD hat er über anderthalb Jahren Hundezüchter in ihrem Alltag begleitet. Thomas Schwank züchtet selbst Boston Terrier unter dem Zwingernamen „Gesamtkunstwerk“.

www.boston-gesamtkunstwerk.de

DER **LANGE WEG** ZUR ANERKENNUNG EINER RASSE

An Zuchtstandards scheiden sich die Geister. Was die einen als rassetypisch ansehen, nennen andere Qualzucht. Wie schwierig es sein kann, sich gegen Verbände und ihre Richtlinien durchzusetzen, zeigt die Geschichte von Imelda Angehrn. Die Schweizerin kämpft seit Jahren für die Anerkennung der Continental Bulldogs als eigenständige Rasse. Kurz vor dem Ziel, hat sie Corona zwar erst einmal ausgebremst, aber nicht aufgehalten.

CLAUDIA HÖTZENDORFER IM GESPRÄCH MIT IMELDA ANGEHRN

Imelda Angehrn möchte gesunde Hunde züchten, die keine Atemprobleme haben und durch ihren Körperbau nicht in den Bewegungen eingeschränkt sind, wie sie es seit den 1960er-Jahren bei den English Bulldogs beobachtet hat. Ende der 1990er-Jahre wollte sie das von den Zuchtverbänden vorgeschriebene Reglement nicht mehr mittragen und begann eine neue Zucht von gesunden English Bulldogs aufzustellen, aus der schließlich der Continental Bulldog hervorging.

(Foto: shutterstock.com/cynoclub)

Imelda Angehrn kämpft seit Jahren für die Anerkennung des Continental Bulldog. (Foto:Archiv Angehrn)

Wie ist der derzeitige Status der Continental Bulldogs?

Es sind mittlerweile zehn Länder, die den Conti anerkannt haben. Überall, wo die Rasse offiziell eingetragen ist, wird sie sehr nachgefragt. Ich persönlich habe tatsächlich schon Bedenken, dass der Conti zum Modehund werden könnte. Es gibt so viele Leute, die Molosser gern haben. Vor dem Continental Bulldog hat es kaum noch kleine gesunde Molosser gegeben.

Hat die Fédération Cynologique Internationale (FCI) den Continental Bulldog inzwischen als neue Rasse anerkannt?

Die FCI hatte uns für dieses Jahr die offizielle Anerkennung versprochen. Nur hat wegen Corona die Generalversammlung nicht stattfinden können. Damit zögert es sich noch länger hinaus. Wir sind schon so lange dabei, aber in der FCI gibt es nicht wenige, die sich gegen die Contis aussprechen. Immer wieder bekommen wir neue Auflagen, die wir jedes Mal erfüllen. Für 2020 hatten wir optimale Voraussetzungen, und dann wurde die Generalversammlung abgesagt. Jetzt heißt es wieder Warten und Hoffen, dass wir 2021 dabei sein können.
Ich bin aber zuversichtlich, dass die FCI im kommenden Jahr endlich anerkennt, dass der Conti eine eigenständige Rasse ist. Wir können auf so viele gute Züchter verweisen, die eine große Zahl Welpen in die Zuchtbücher haben eintragen lassen. Die Contis gehören bald zu den größten Rassen. Das kann man doch nicht länger ignorieren.

1966 haben Sie Ihren ersten Bulldogwurf gehabt. Was gab den Ausschlag zu sagen: So wie die Bullys aussehen sollen, mache ich nicht mehr weiter; es muss sich in der Zucht etwas ändern?

Als ich mit der Zucht anfing, waren die Hunde noch nicht so sehr überzüchtet. Aber über die Jahre hinweg wurde es immer extremer. Jede neue Zuchtschau zeigte extremere Auswüchse der sogenannten Standards. Ich hatte bei meinen Hündinnen nur noch Kaiserschnitte. Es kann doch nicht sein, dass man jeder Hündin den Bauch aufschneiden muss, damit sie ihre Welpen bekommen kann. Wenn die dann wenigstens gesund wären, könnte man das vielleicht noch nachvollziehen. Aber die Kleinen können alle nicht richtig atmen. Das wollte ich so nicht mehr mitmachen und habe zunächst nur mit Hündinnen weitergezüchtet, die ihre Welpen auf natürlichem Weg geboren haben. Die robustesten Welpen habe ich behalten, um mit ihnen weiterzuzüchten. Interessanterweise waren es immer die Tiere, die Ruten hatten. Das war dann für die Anerkennung wieder ein Problem, weil die Standards für die English Bulldogs keine Ruten oder nur so kleine verkrüppelte vorsehen, was im Grunde krankhaft ist. Mir fiel auf, dass Hündinnen mit Rute weniger Probleme beim Werfen hatten als die ohne. Sie waren oft auch etwas leichter als andere Hündinnen. Dann wurde von der Schweizerischen Kynologischen Gesellschaft (SKG) festgelegt, dass nur noch Tiere zur Zucht zugelassen werden, die ein „Sehr gut" von einem Richter bekommen haben. Wenn ich meine sportlichen Hunde vorgeführt habe, bekam ich immer nur ein „Gut". Ich war inzwischen im Vorstand der Züchter für English Bulldogs in der Schweiz und bekam reichlich Gegenwind, als publik wurde, dass ich überlegte, wie sich etwas verändern ließe.
Als ich dann 1997 oder 1998 in Dortmund mit einem sehr sportlichen und fitten English-Bulldog-Rüden in

der offenen Klasse antrat, liefen wir beide unsere Runde vor dem Richter, ohne Keuchen und mit erhobenem Kopf. Trotzdem wurden wir disqualifiziert, und zwar noch bevor er sich den Hund genauer angeschaut hatte. Mein Rüde war zu dynamisch in seinen Bewegungen, um für die Zucht zugelassen zu werden. Das muss man sich mal vorstellen, da wurde bewusst verhindert, dass die Tiere gut Luft bekommen und beweglich sind.

Es waren nicht nur die Richter, die Ihnen Steine in den Weg gelegt haben, auch die Reaktionen aus den Reihen der Züchter waren alles andere als positiv, oder?

Das Problem sind tatsächlich vor allem die Richter bei den Zuchtschauen. Sie haben es in der Hand, gesunde Tiere zu kören. Sie bestimmen, welcher Typ Erfolg haben soll. Die Leute fragen nur die Champions nach. Entscheidend ist, wer auf den vorderen Plätzen landet. Die Züchter wiederum richten sich nach diesen Vorgaben und danach, was verkauft wird. Machen wir uns nichts vor. Zucht ist ein Geschäft.
Die Disqualifizierung in Dortmund gab für mich den Ausschlag, mich von den Standards abzuwenden. Gemeinsam mit dem leider inzwischen verstorbenen Kynologen Hans Räber habe ich überlegt, welche Rassen in den English Bulldog eingekreuzt werden müssen, um wieder gesunde Hunde zu bekommen. Er war Feuer und Flamme, weil er schon immer gegen diese Qualzuchten war. Ich habe bei der SKG die Bewilligung beantragt und parallel wurde in der Schweiz das Qualzuchtgesetz verabschiedet. Würden die gesetzlichen Vorgaben wirklich beachtet, dürften keine English Bulldogs mehr gezüchtet werden. Alle Züchter sagen: Nein, wir achten darauf, dass wir gesunde Tiere haben. Das gilt auch für die Französischen Bulldoggen. Aber schauen Sie sich die Tiere doch mal an. Wie viele von denen bekommen bei wärmeren Temperaturen keine Luft mehr? Wie viele können keine längeren Spaziergänge durchhalten? Es kann doch nicht sein, dass immer wieder Gaumensegel operiert werden müssen, weil die Nasen immer platter werden. Trotzdem wird mit solchen Hunden weitergezüchtet.
Durch das Schweizer Qualzuchtgesetz sah es lange so aus, als ob der English Bulldog für die Zucht verboten würde. Das wirkte sich positiv für mein Vorhaben aus, denn die SKG bewilligte mir drei Jahre, um mein Zuchtziel umzusetzen.

Sie haben zunächst mit einer Rückzüchtung begonnen, dann aber bald festgestellt, dass dies eine Sackgasse wird. Für die Einkreuzung haben Sie sich für Olde English Bulldogs entschieden, eine Rasse, die nicht von der FCI anerkannt wird. Da waren die Probleme mit dem Verband vorprogrammiert, oder?

Die Olde English waren damals noch nicht so bekannt in Europa, dafür in Amerika. Dort wollten sie einen gesunden English Bulldog und insofern hatten sie eine ähnliche Intention wie ich. Doch die Amerikaner haben sich nicht um die Anerkennung der Rasse gekümmert. Deshalb hat sich die Zucht aufgesplittet in viele verschiedene Typen des Olde English Bulldog. Bis heute sehen diese Hunde alle anders aus, denn sie haben keinen Rassestandard und keine Zuchtrichtlinien für Stammbäume festgelegt. Aber für mein Vorhaben waren das gute Voraussetzungen, weil die Tiere gesund waren. Hans Räber unterstützte das, warnte nur, ich dürfe nicht zu weit fremdgehen, mich also von der ursprünglichen Bulldogge entfernen. Zum Beispiel hätten Boxer auch eine Option sein können. Räber aber meinte, sie bringen so viele Probleme mit, die wir beim English Bulldog nicht haben und deshalb auch nicht einzüchten sollten. Boxer haben beispielsweise oft Herzprobleme. Die können wir beim Bulldog nicht gebrauchen. Also bin ich mit einer Freundin zwei Wochen lang in Amerika herumgereist, um mir Olde English anzusehen. Ich war auf Ausstellungen und habe erwachsene Tiere gekauft. So hatte ich eine Basis. Einmal habe ich noch einen Bullmastiff eingekreuzt. Das wurde eine gute Vererbung, nur wurden mir die Hunde zu groß. Aber sie haben mir wunderbare Gebisse und einen guten Charakter gebracht. Ich habe es auch einmal mit Französischen Bulldoggen versucht, aber das gab so Kasperlehunde. Die waren sehr nervös und hibbelig. Das war für mich nicht das, was ich mir unter einem Molosser vorstelle.
Was am Ende auch für die Olde English Bulldogs sprach, war, dass sie aufgrund der großen Bandbreite wahrscheinlich weitgehend frei von Erbkrankheiten sind. Damit hatte ich eine solide Basis. Zudem hatte ich das große Glück, direkt nach der Wende zur Hundeausstellung nach Leipzig fahren zu können. Das war eine Chance für die Ostdeutschen, ihre Bulldoggen vorzustellen, die ganz anders aussahen als unsere. Die angereisten Richter haben ihnen aber nur schlechte Noten gegeben. Dabei waren die Tiere gesund und fit. Vor dem Mauerfall hatten sie keine Tierkliniken und Tierärzte, die diese Qualzuchten, wie wir sie kennen, unterstützt hätten. Sie konnten nicht diesen extremen Typ züchten, weil ihnen dazu das Geld fehlte, um Richter aus England einfliegen zu lassen. Also haben sie ihre eigenen

(Foto:Archiv Angehrn)

Richter gehabt, was ihrer Zucht sehr gutgetan hat. Nur in Konkurrenz mit Europa hatten sie keine Chance. Ich habe mir die Namen derer aufgeschrieben, die durchfielen. Ich habe aus den ostdeutschen Zuchten fünf Hündinnen und einen Rüden übernommen. Die SKG hatte acht Blutlinien vorgeschrieben. Ich konnte so mit zehn anfangen.

2001 wurde dann der erste Kreuzungswurf geboren und 2004 hat die SKG die Entwicklung der Contis bewilligt. Der Verband Deutsches Hundewesen (VDH) war da nicht so offen und hat Ihnen Auflagen gemacht. Was waren die größten Schwierigkeiten?
Ich bin überall auf Schwierigkeiten gestoßen, habe viele meiner Freunde verloren und bin sehr übel angefeindet worden. Ich wurde gemieden und als Nestbeschmutzerin beschimpft. 2004 kamen drei Abgeordnete der FCI zu mir und die High Society der Schweizer Kynologie war ebenfalls da. Die waren alle begeistert von den Hunden, die sie sahen, und ich bekam die Bewilligung weiterzumachen. Contis gibt es mittlerweile in Deutschland, Österreich, Schweden, Estland und in vielen osteuropäischen Ländern. Sie alle haben den Conti anerkannt. Nur die FCI als Dachverband steht noch aus.

Sie haben auch alles darangesetzt, die FCI-Anerkennung zu bekommen. Gab es je einen Moment, in dem Sie es leid waren und aufgeben wollten?
Diese Gedanken gab es immer wieder. Das sind die schwarzen Momente. Wissen Sie, wenn man so dermaßen angefeindet wird, ist das schon sehr schwer. Aber ich habe auch unglaublich viel Geld und Zeit in diese Zucht gesteckt. Wenn ich nicht so einen großzügigen Mann gehabt hätte, wäre das alles nicht möglich gewesen. Wenn man dann so beschimpft und öffentlich an den Pranger gestellt wird, führt das bei mir irgendwann dazu, dass ich sage: Jetzt erst recht! Ich habe gesehen, dass die Leute, die Contis haben, so glücklich mit diesen Hunden sind. Es gibt ein Bedürfnis nach einem solchen Hund, den es bis zu meinen Bemühungen um diese Rasse nicht gegeben hat.

Was wünschen Sie sich für den Conti, abgesehen von der FCI-Anerkennung? Wo soll die Reise hingehen?
Ich wünsche mir, dass der Conti kein Modehund wird und die Züchter ihre Hunde nur an die passenden Leute abgeben. Menschen, die nur einen gesunden English Bulldog wollen, sind die falschen. Zu uns kommen sehr viele, die Boxer mögen, aber etwas Kleineres suchen.

IMELDA **ANGEHRN…**

(Foto:Archiv Angehrn)

… züchtet seit 1966, zunächst English Bulldogs und seit 2004 offiziell Continental Bulldogs. Inzwischen sind die „Contis" in zehn Ländern als eigene Rasse anerkannt. Nur die Bestätigung durch die FCI steht noch aus.

Continental Bulldog Zucht Schweiz
https://pickwick-bulldogs.ch

Continental Bulldog Club Deutschland
http://continentalbulldogclub.de

*ZUCHT*ETHIK & GESUNDHEIT

„Du bist zeitlebens für das verantwortlich, was du dir vertraut gemacht hast.“ Dieses berühmte Zitat der 1943 erschienenen legendären Erzählung „Der kleine Prinz“ des französischen Schriftstellers Antoine de Saint-Exupéry umschreibt einen ethischen Anspruch, der durchaus auch in der Hundezucht seinen Platz findet. Exupérys Worte charakterisieren die umfassende Verantwortung, die jeder Züchter für das Leben übernimmt, das gemäß seinen Wünschen und Entscheidungen zur Welt kommt.

(Foto: shutterstock.com/Bildagentur Zoonar GmbH)

VON KERSTIN PIRIBAUER

Die züchterische Verantwortung für die Welpen endet keinesfalls im Alter von zwei bis drei Monaten mit dem Moment der Übergabe an den neuen Besitzer, im Gegenteil: Aus tierschutzrechtlicher Sicht fallen die unterschiedlichsten Qualzuchtmerkmale, die sich eventuell erst später bemerkbar machen, in die Verantwortung des Züchters. Zudem: Die moderne Kognitionsbiologie betrachtet Hunde heute längst als denkende und fühlende Lebewesen, sodass die höchste Verantwortung des Züchters aus ethischer Sicht gegenüber dem Leben seiner Welpen selbst besteht – Welpen, die für ihre neuen Besitzer vollwertige Familienmitglieder sind und mit ihren Befindlichkeiten nicht zuletzt den Lebensweg ihrer menschlichen Partner in den kommenden Jahren maßgeblich prägen werden.

Züchten erfordert umfassendes Wissen

Die weitaus meisten Züchter betreiben ihr zumeist durch das Reglement entsprechender Rassezuchtvereine geregeltes Hobby mit Herz und Seele und sind leidenschaftlich engagiert. Das größte Engagement und eine unbeirrbare Liebe zur Rasse allein aber reichen nicht aus. Züchten erfordert auch ein umfangreiches Wissen um genetische Zusammenhänge und darüber hinaus das notwendige Verständnis für Fragen rund um die Gesundheit des Hundes im Allgemeinen und der jeweiligen Rasse im Besonderen. Denn über die ethische und tierschutzrechtliche Verantwortung für das einzelne Hundeindividuum hinaus muss der Züchter ebenso die Gesamtpopulation der Rasse im Blick behalten: Neben der Verantwortung für die individuelle Gesundheit des einzelnen Welpen steht jene für die Erbgesundheit der Rasse und einen vielfältigen Genpool.

Die Zuchtziele der meisten Rassezuchtvereine lassen sich in den drei Kategorien Gesundheit, Leistungsfähigkeit und Schönheit zusammenfassen – mit unterschiedlicher Gewichtung von Rasse zu Rasse und von Zucht zu Zucht. Körperliche Leistungsfähigkeit und Gesundheit unserer Rassehunde hängen untrennbar zusammen. Schönheitsfehler hingegen sind keine Krankheit und stellen keinerlei Beeinträchtigung der Lebensqualität dar. So steht, unter ethischen und tierschutzrechtlichen Gesichtspunkten betrachtet, außer Frage, dass die Zuchtziele, die sich auf die Gesundheit der Nachkommen beziehen, bei der Planung eines Wurfs neben Wesensfragen unangefochten und kompromisslos an erster Stelle stehen sollten, während ein Zuchtausschluss aufgrund eines Schönheitsfehlers aus populationsgenetischer Sicht eine vermeidbare und unnötige Verkleinerung des Genpools bedeuten würde.

Qualzucht und biologische Fitness sind ethisch relevant

Das gesellschaftliche Problembewusstsein zu Qualzuchtmerkmalen ist in den vergangenen Jahren merklich gestiegen. Dabei werden nicht nur die Brachyzephalie (Kurzköpfigkeit), sondern auch andere tierschutzrechtlich relevante Qualzuchtmerkmale, wie genetisch bedingte Gelenkerkrankungen oder ein überdurchschnittlicher Inzuchtkoeffizient mit all seinen nachteiligen Auswirkungen auf den Organismus, aus den unterschiedlichsten Blickwinkeln oft emotionsgeladen diskutiert. Das alles geschieht in einer Zeit, in der wir die Intensität der Mensch-Tier-Beziehung regelmäßig thematisieren. Die nahe Verwandtschaft und das enge Zusammenleben von Mensch und Tier stellt den Hund in einen kulturellen Kontext und damit in die Notwendigkeit eines ethischen Diskurses.

Gesundheit und Langlebigkeit stehen im Zentrum der Qualitätsansprüche an die kontrollierte Hundezucht. Die Basis eines somit langen und gesunden Hundelebens lässt sich biologisch mit dem Begriff der Fitness zusammenfassen, der als der Anteil der Nachkommen eines Tieres an der Folgegeneration definiert ist. Die wichtigsten Voraussetzungen, viele Nachkommen zu haben und somit über eine hohe Fitness zu verfügen, aber sind Gesundheit und Widerstandfähigkeit, Fruchtbarkeit und Langlebigkeit. Fitness basiert somit nicht zuletzt auf einem guten Anpassungsvermögen des Organismus an wechselnde und belastende Umwelteinflüsse. Insgesamt also eine körperliche Konstitution, über die möglichst viele Lebewesen verfügen sollten und deren Wert für das einzelne Individuum weit über die biologische Definition der Fitness hinaus von hoher ethischer Relevanz ist.

Genetische Varianz als Basis von Fitness und Anpassungsfähigkeit

Eines der wichtigsten Kriterien für Fitness ist somit die genetische Varianz, die in der Hundezucht beständig sinkt – auch durch Faktoren, die durch die Auswahl der Zuchtpartner heute nicht mehr beeinflusst werden können, wie beispielsweise die genetische Drift in geschlossenen Populationen oder der sogenannte Foundereffekt, der die kleine genetische Basis am Beginn einer Rassezucht bezeichnet. Darüber hinaus führt die gezielte Selektion auf erwünschte Rassemerkmale genauso wie jene gegen Erbfehler unweigerlich zum Verlust an genetischer Varianz, ebenso wie die Strategie der Linienzucht oder der Popular sire effect, der die Folgen der intensiven Nutzung einzelner Deckrüden bezeichnet. Mit dem Absinken der genetischen Varianz steigt in der Rassehundezucht zugleich die Homozygotie an. Damit kommt es ebenso zur Fixierung erwünschter wie unerwünschter Gene und darüber hinaus mit den klassischen Kennzeichen einer Inzuchtdepression zu einer Minderung der biologischen Fitness: Die Fruchtbarkeit sinkt, und die Lebenszeit verkürzt sich, denn Gesundheit und Widerstandsfähigkeit nehmen ab. Vor allem aber verliert der Organismus seine Anpassungsfähigkeit an wechselnde und belastende Umwelteinflüsse: Autoimmunerkrankungen, Allergien und Krebserkrankungen nehmen zu. Dabei handelt es sich jeweils um komplexe Krankheitsgeschehen, für deren Ausbruch neben der genetischen Veranlagung immer auch verschiedenste Umweltfaktoren eine bedeutende Rolle spielen, Umwelteinflüsse, auf die der Hund aufgrund seiner eingeschränkten genetischen Variabilität nicht mehr angemessen reagieren kann. Somit gehören all diese letztlich von der Funktion des Immunsystems abhängigen Erkrankungen auch zu den negativen Folgen eines hohen Inzuchtniveaus.

Molekulargenetische Tests können Unsicherheiten beenden

Neben der traditionellen Berechnung des Inzuchtkoeffizienten anhand der Ahnentafel der Elterntiere bieten molekulargenetische Verfahren dem Züchter heute vielfältige Möglichkeiten, den Inzuchtkoeffizienten in die Wurfplanung einzubeziehen. Die Bestimmung des genomischen Inzuchtkoeffizienten macht in vielen Fällen Sinn und führt oftmals zu Ergebnissen, die in diametralem Gegensatz zu den populationsgenetischen Berechnungen stehen – in die eine wie in die andere Richtung. Die Entscheidung für oder gegen eine bestimmte Verpaarung muss angesichts der aktuellen Möglichkeiten genetischer Tests auf zahlreiche Merkmale heute kein Blindflug mehr sein, der auf den Prinzipien der Wahrscheinlichkeitsrechnung basiert, sondern Verpaarungen können gezielt im Hinblick auf eine höchstmögliche genetische Varianz oder eine für die Arbeit des Immunsystems optimale genetische Konstellation geplant werden. Hier sind insbesondere die sogenannten DLA-Gene von hoher Bedeutung, die einerseits für ein funktionierendes Immunsystem notwendig sind, andererseits aber auch mit Fehlleistungen der körpereigenen Abwehr wie Autoimmunerkrankungen in Zusammenhang stehen. Darüber hinaus könnten sie möglicherweise auch bei Impfreaktionen eine Rolle spielen. Je vielfältiger sich diese DLA-Gene im Genom des einzelnen Hundes präsentieren, desto besser kann das Immunsystem seinen zentralen Aufgaben nachkommen und beispielsweise Krankheitserreger, die in den Organismus eindringen, schnell und effektiv unschädlich machen, oder körpereigene geschädigte Zellen eliminieren.
Moderne molekulargenetische Testverfahren bieten heute die notwendige Sicherheit zu diesen Fragen und sind eines der wertvollsten Hilfsmittel einer zeitgemäßen Hundezucht, die sich ihrer Verantwortung für das Leben bewusst ist. Für die Hundezucht, die die gezielte Planung neuen Lebens in die Hände des Züchters legt, eröffnen diese Entwicklungen die Möglichkeit einer frühzeitigen Überlegung, welche Konsequenzen aus dem gewonnenen Wissen insbesondere unter dem Blickwinkel ethischer und tierschutzrechtlicher Verantwortung zu ziehen sind.

Qualzuchtmerkmale verkürzen das Leben

Bewegung wirkt lebensverlängernd – nicht nur beim Menschen! Bewegung reduziert die Stresshormone im Organismus und ist damit eine der besten vorbeugenden Maßnahmen gegen viele lebensverkürzende Erkrankungen. Auch Stress zieht eine massive Beeinträchtigung des Immunsystems nach sich und gilt damit bei Mensch und Tier beispielsweise als einer der vorrangigen Risikofaktoren für die Entwicklung einer Tumorerkrankung. Der Zusammenhang zwischen Bewegung und Stress spielt zudem in einem weiteren verwandten Aspekt eine wesentliche Rolle: Zellalterung und Zelltod sind von der Länge der

Qualzuchtmerkmale führen zu erhöhtem Stress und auch dadurch zu einer reduzierten Lebenserwartung. (Foto: shutterstock.com/PortPhon)

Telomeren abhängig, die sich mit jeder Zellteilung verkürzen.
Telomere sind einsträngige DNA-Sequenzen an den Enden der Chromosomen. Sie haben die Aufgabe, die DNA und damit die Erbinformationen des Organismus zu schützen und weitere Zellteilungen zu ermöglichen. Mit jeder Zellteilung aber verkürzen sich die Telomere, bis die Zelle teilungsunfähig wird und ihre Funktion nicht mehr erfüllen kann. Die Länge der Telomere ist mit der Lebenserwartung assoziiert und in einigen Zellarten auch von einem körpereigenen Reparaturmechanismus abhängig, der über ein Enzym im Organismus, die Telomerase, gesteuert wird. Kontinuierlicher Stress aber reduziert beispielsweise die Aktivität des Telomerasegens in wichtigen Immunzellen. Regelmäßige Bewegung und eine restriktive Fütterung hingegen erhöhen diese Aktivität.

Allein unter diesem Aspekt betrachtet führt jede anatomische Anomalie, die zu einer Beeinträchtigung der Bewegung führt, und dazu gehören in erster Linie Qualzuchtmerkmale wie chronisch degenerative Gelenkerkrankungen, Wirbelsäulenerkrankungen oder die Symptome der Brachyzephalie, auch zu einer reduzierten Lebenserwartung.

Gene sind kein unbeeinflussbares Schicksal

Viele der in den Tierarztpraxen heute besonders häufig diagnostizierten Erkrankungen sind multifaktoriell. Das bedeutet, dass sie ihren Ursprung nicht ausschließlich in einer genetischen Prädisposition finden, sondern dass darüber hinaus Umwelteinflüsse eine maßgebliche Rolle spielen. Das gilt beispielsweise für Tumorerkrankungen genauso wie für Gelenkerkrankungen. Der noch relativ junge Wissenschaftszweig der Epigenetik liefert zunehmend Beweise dafür, dass die unterschiedlichsten Umweltbedingungen einen weit größeren Einfluss auf die Entstehung und Entwicklung eines individuellen Organismus haben, als bisher angenommen wurde. Über verschiedene epigenetische Mechanismen steuert die Umwelt die Funktion der Gene. Und da ein Teil dieser einmal im Genom abgespeicherten Steuerungselemente unter bestimmten Bedingungen auch vererbbar ist, determinieren Umwelteinflüsse, unsere Lebensweise und natürlich ebenso die unserer vierbeinigen Gefährten nicht nur die Abläufe im eigenen Organismus, sondern können auch Wesen, Verhalten und gesundheitliche Konstitution bei den Nachkommen beeinflussen.

Umwelteinflüsse höher als gedacht

Auch wenn die weitaus meisten Studien und Experimente der Epigenetik sich derzeit noch auf den Menschen beziehen oder auch nur unter Laborbedingungen durchgeführt wurden, so rechtfertigt die enge biologische Verwandtschaft und Ähnlichkeit der Organismen doch in weiten Bereichen eine Übertragung dieser Ergebnisse auf unsere Haustiere, und dem heutigen Wissensstand zufolge lautet die für Züchter und Hundebesitzer gleichermaßen wichtige Botschaft der Epigenetik: Der Umwelt kommt eine noch größere Bedeutung zu als bisher gedacht – insbesondere in den sensiblen Lebensphasen der Embryonalentwicklung, der ersten Lebenswochen und der Pubertät! Und so hat jeder Züchter und Hundebesitzer gerade während der Zeit des Heranwachsens seines vierbeinigen Gefähr-

ten, prinzipiell aber ein Leben lang, die Möglichkeit, die Funktion der Gene zu beeinflussen und so im Idealfall einen weitreichenden Beitrag für ein langes und gesundes Hundeleben zu leisten. Epigenetische Modifikationen können Grundlage verschiedenster Erkrankungen sein – mit weitreichenden Konsequenzen: Ob Onkogene, die ein Tumorwachstum fördern, aktiviert oder deaktiviert sind, ob Tumorsuppressorgene, die dieses Wachstum hemmen, ein- oder ausgeschaltet sind, kann ein mitentscheidender Faktor sein, ob das betreffende Individuum im Laufe seines Lebens bestimmte Tumorerkrankungen entwickelt oder nicht.
Im Hinblick auf den immer wieder geforderten verantwortungsvollen Umgang mit der Erbgesundheit in der Rassehundezucht und für eine entsprechende Zuchtplanung aber ändert sich mit diesen Erkenntnissen absolut nichts. Epigenetik ist keine Ausrede, um für genetisch bedingte Krankheiten nun ursächlich die Umwelt verantwortlich machen zu wollen, denn „Gene, die nicht vorhanden sind, können auch nicht ein- oder ausgeschaltet werden" – so die Genetikerin Irene Sommerfeld-Stur, die in diesem Zusammenhang den Organismus mit einem Computer vergleicht: „Der genetische Code stellt die Hardware dar, der epigenetische Code das Betriebssystem und die Programme. Und jeder weiß: Wenn der PC defekt ist, nützt einem die tollste Software nichts."

Umwelteinflüsse während der Trächtigkeit

Einflüsse, denen ein Individuum in den bereits genannten wichtigen Entwicklungsphasen ausgesetzt war, können ein Leben lang wirksam bleiben: Ist die Mutterhündin während der Trächtigkeit beispielsweise mit besonderem Stress konfrontiert, bereitet sie den Nachwuchs, hormonell und neural betrachtet, auf ein gefährliches Leben vor. Chronischer Stress führt über umfangreiche biochemische Mechanismen zu ängstlichen, vorsichtigen und zurückhaltenden Nachkommen, was evolutionsbiologisch betrachtet durchaus sinnvoll erscheint: Sind die Nachkommen auf ein gefährliches Leben vorbereitet, wird Angst vor potenziellen Gefahren zum unverzichtbaren Überlebensgaranten. Stress während der Trächtigkeit und in den ersten Lebenswochen führt bei den Nachkommen nachweislich zu einem schwächeren Nervenkostüm und einer höheren Anfälligkeit für psychische Probleme.
So ist die züchterische Verantwortung auch während der Wochen der Trächtigkeit der Hündin kaum zu unterschätzen, denn sie bezieht sich jetzt nicht nur auf das werdende Leben, sondern

Die Erlebnisse der Mutter während der Trächtigkeit beeinflussen die Entwicklung der Welpen. (Foto: shutterstock.com/Pawel Rajtar)

(Foto: shutterstock.com/Pawel Rajtar)

weit darüber hinaus auch auf die nachfolgenden Generationen. Wie viele Generationen sehen wir beim Anblick einer trächtigen Hündin? Nein, nicht zwei, sondern drei: die werdende Mutter, ihre ungeborenen Welpen – und die Stammzellen der Welpen für deren spätere Fortpflanzung, Zellen, die das Erbgut für die nachfolgende Generation, die Enkel der Mutterhündin, in sich tragen. Bereits in einem sehr frühen Stadium der embryonalen Entwicklung separieren sich einige Zellen, um sich zu Vorläuferzellen von Eizellen und Spermien zu entwickeln. Heute weiß man, dass die Barrieren, die die Stammzellen der männlichen und weiblichen Keimzellen umschließen, keinesfalls undurchlässig sind und Umwelteinflüsse auch in der Keimbahn epigenetische Schalter beeinflussen und damit nachhaltige Veränderungen bewirken können. Erworbene Genaktivitäten können also durchaus an die nächste Generation vererbt werden, womit den Lebens- und Haltungsbedingungen von Zuchthunden – das gilt für Hündin und Rüden gleichermaßen (!) – höchste Bedeutung zukommt. In letzter Konsequenz stehen hinter diesen Zusammenhängen die molekulargenetischen Mechanismen dessen, was Züchter einst das „Erbgedächtnis" nannten.

Epigenetische Modifikationen sind ein Leben lang möglich und damit auch zeitlebens beeinflussbar, aber dennoch spielt der Zeitpunkt eine entscheidende Rolle. Je früher bestimmte Markierungen am Genom gesetzt werden, desto nachhaltiger und irreversibler sind sie im weiteren Leben des Individuums. Das gilt für die allgemeine Zellentwicklung und die Stammzelldifferenzierung des Embryos – eine Nervenzelle beispielsweise bleibt zeitlebens eine Nervenzelle und wird niemals in einen anderen Funktionskreis wechseln – ebenso wie für andere Markierungen, die den Lebenslauf, die Gesundheit und nicht zuletzt die psychische Konstitution eines Organismus nachhaltig beeinflussen können. Gerade darum sind Fehler in der Betreuung der trächtigen Hündin oder eine suboptimale Welpenaufzucht keine unerfreuliche vorübergehende Begleiterscheinung, sondern eine möglicherweise weitreichende Beeinträchtigung des Lebensglücks der Nachkommen und ihrer künftigen Besitzer.

Neues Wissen bedeutet neue Verantwortung

Auch wenn in der Wissenschaft noch viele Fragen offen sind: Der gezielte Einsatz molekulargenetischer Testverfahren kann die Arbeit mit Wahrscheinlichkeiten, die traditionell die Auswahl der Zuchtpartner bestimmen, im Sinne der züchterischen Verantwortung sinnvoll begleiten und vage Vermutungen durch messbare Fakten ersetzen. Darüber hinaus ermöglicht die Auseinandersetzung mit epigenetischen Erkenntnissen eine stärkere Einflussnahme auf die individuelle Entwicklung des Hundes, auf sein Wesen, seine Gesundheit und seine Langlebigkeit, als bisher belegbar war. Gene bestimmen die Vorgänge im Organismus nicht allein, sondern ihre Aktivität ist steuerbar – nicht zuletzt durch unseren Lebenswandel bzw. durch das Leben, das wir unseren Hunden bieten. Das öffnet uns viele bislang unterschätzte Möglichkeiten, das körperliche und seelische Wohlergehen zu steuern – unser eigenes und das unserer besten Freunde auf vier Pfoten. Und das gibt uns über Generationen hinweg gleichzeitig eine neue Form von Verantwortung dem Leben gegenüber mit auf den Weg …

KERSTIN
PIRIBAUER …

…… teilt ihr Leben mit Boxern und züchtete diese Rasse von 2004 bis 2009 unter dem Dach der FCI. Seit ihrem Studium arbeitet sie als Autorin, Redakteurin und Dozentin. Daneben absolvierte sie zahlreiche Aus- und Fortbildungsmöglichkeiten im Bereich der Mensch-Hund-Beziehung sowie der Mind-Body-Lebenswissenschaften und widmet seit 2008 einen Teil ihre publizistischen Arbeit dem Zusammenleben und der Gesundheit von Mensch und Tier.

www.kerstin-piribauer.at

Erfolgreiche Zucht: Gesund über Generationen

Mit natürlicher Kost zu ganzheitlichem Zuchterfolg

Genetisch betrachtet ist Ihr Hund dem Wolf noch sehr nah – allerdings gibt es auf dieser Ebene schon feine Veränderungen, die bedeutende Auswirkungen auf unsere gemeinsame Geschichte hatten – das wissen gesundheitsbewusste Züchter ganz genau. Sie kennen die individuellen Besonderheiten ihrer Hunde und wissen, was sie brauchen, für ein langes, gesundes und vitales Leben.

Wir haben ganzheitliche Hundefutter nach dem Vorbild der Natur entwickelt und flexible Fütterungskonzepte erschaffen, damit jeder Mensch seinem Hund füttern kann, was er braucht. **Denn ein naturbelassenes, hochqualitatives und artgerechtes Futter, ohne unnötige Zusätze**, das für langanhaltende Gesundheit sorgt, ist der Grundstein für ganzheitlichen Zuchterfolg – vom Welpenalter an bis ins hohe Alter.

Unser Züchter-Tipp:

Canis Extra Ziegenvollmilchpulver stärkt das Muttertier schon während der Trächtigkeit und kann den Welpen ergänzend zur Muttermilch oder bei Kostumstellung gefüttert werden.

Mit einem Futter, das so schonend verarbeitet wird, dass die Zugabe von synthetischen Zusatzstoffen unnötig wird, können Sie den Stoffwechsel Ihrer Tiere entlasten. Durch den Verzicht auf Konservierungsstoffe sorgen Sie zudem dafür, dass Ihre Hunde ein abwehrstarkes Immunsystem aufbauen und dieses auch an ihre Nachkommen weitergeben können.

ERNÄHRUNG VON HÜNDIN UND WELPEN

„Der halbe Rassestandard geht zum Maul hinein", lautet eine alte Züchterweisheit. Wenngleich dies eine etwas vereinfachte Darstellung ist, zeigt dieser Spruch sehr schön, wie wichtig die Fütterung für eine optimale Entwicklung von Welpen und Junghunden ist. Darüber, was eine „optimale Ernährung" von Hunden ist, gehen die Meinungen weit auseinander. Im Folgenden werden wir uns daher an wissenschaftlich gesicherte Erkenntnisse halten, illustriert anhand einiger Erkenntnisse aus der Forschung.

VON BARBARA THIEL

(Foto: shutterstock.com/vyasphoto)

VOM DECKAKT BIS ZUR WELPEN-ABGABE

Die Vorbereitung der Zuchthündin

Die wichtigste Frage hinsichtlich der Ernährung vor dem Deckakt ist: Hat die Hündin ihr Idealgewicht? Für den Zuchteinsatz sollten Hündinnen weder Über- noch Untergewicht haben, da sich beides negativ auf die Anzahl der Welpen auswirken kann.

Untergewicht: Dies sehen wir häufiger bei Hündinnen, die aktiv im Sport geführt werden. Wenngleich sich für die ausgeübte Sportart eine sehr „trockene" Kondition möglicherweise als leistungssteigernd herausstellt, sollte die Hündin vor der Trächtigkeit ein Minimum an Reserven aufbauen dürfen. Dazu kann entweder eine Fertignahrung mit einem hohen Energiegehalt genutzt werden (z. B. „High Energy"-Trockenfutter) oder aber die selbst zubereitete Ration mit einer Fett-/Kohlenhydratzulage versehen werden (z. B. weich gekochte Eiernudeln mit zerlassener Butter).

Übergewicht: Dies sehen wir häufiger bei Hündinnen, die viel ausgestellt werden. Wenngleich bei bestimmten Rassen ein gewisses Maß an Übergewicht („Show Condition") für den Ausstellungserfolg unabdingbar scheint, sollte die Hündin vor dem Belegen einen normalen Ernährungszustand erlangen dürfen. Dies wird ihr nicht nur die Geburt erleichtern, sondern auch die Belastung für den Bewegungsapparat während der Trächtigkeit reduzieren. Solche Hündinnen sollten daher zeitweise auf eine fettreduzierte Diät umgestellt werden. Das kann die „Light"-Variante der gewohnten Fertignahrung sein oder aber im Falle einer selbst zubereiteten Ration ein Wechsel auf minder fettes Fleisch, geringere Fettbeigabe und reduziertem Kohlenhydratanteil bei leicht erhöhtem Fasergehalt.

Soweit die Basics. Häufig möchten Züchter aber gern noch mehr tun, um den Zuchterfolg zu sichern, und fragen nach „fruchtbarkeitssteigernden Nährstoffen". Durch die Literatur geistert immer noch die Empfehlung zur Verabreichung von Tyrosin an Hündinnen während der Läufigkeit, um das Deckverhalten und die Fruchtbarkeit während des Östrus zu verbessern. Tyrosin ist als Aminosäure u. a. Bestandteil bestimmter fortpflanzungsrelevanter körpereigener Botenstoffe. Eine deutsche Studie[1] mit 50 Hündinnen zeigte, dass die orale Verabreichung von Tyrosin am dritten bis neunten Läufigkeitstag keinen Einfluss auf die Östradiol-Konzentration bei Hündinnen hat. Im Gegensatz zu den Annahmen der Fachliteratur konnten weder die Läufigkeitsblutung noch das Deckverhalten beeinflusst werden.

Die Fütterung von Deckrüden

Deckrüden mit „normaler Auslastung" haben keinen Mehrbedarf an Energie und Nährstoffen. Eine bedarfsdeckende, ausgewogene und an das Aktivitätslevel des Rüden angepasste Ernährung ist – wie für jeden Hund - anzuraten. Ein Mehrbedarf muss erst bei mehreren Deckeinsätzen in der Woche kompensiert werden, resultiert dann aber eher aus dem damit eventuell verbundenen erhöhtem Bewegungspensum und nicht aus der Decktätigkeit an sich.

Hier ist weniger tatsächlich mehr, denn Übergewicht wirkt sich recht zuverlässig negativ auf den Deckerfolg aus. Auch eine über dem Bedarf liegende Eiweißversorgung steigert entgegen der landläufigen Meinung nicht etwa die Libido oder die Befruchtungsrate.
Umgekehrt können Nährstoffmängel (insbesondere Linolsäure, essenzielle Aminosäuren, Vitamin A und E, Zink, Jod und Selen) die Spermaqualität negativ beeinflussen. Auch die Qualität des verabreichten Futters kann Einfluss auf den Deckerfolg haben, denn Schwermetalle oder andere Schadstoffe aus dem Futter (z. B. Mykotoxine) können eine Minderung der Samenqualität bewirken. Dies gilt auch für bestimmte Antibiotika (z. B. Tetrazykline). Wenn durch eine Änderung des Fütterungsregimes Einfluss auf die Fruchtbarkeit eines Rüden genommen werden soll, sind deren Auswirkungen auf die Samenqualität jedoch erst zwei bis drei Monate später wahrnehmbar.

Ernährung der Hündin nach dem Deckakt

Ist die Hündin gedeckt worden, beginnt die spannende Zeit des Wartens: Hat sie aufgenommen oder nicht? Da ist es praktisch, dass man in den ersten fünf Wochen der Trächtigkeit zumindest an der Fütterung der Hündin nichts ändern muss. Immer vorausgesetzt, dass sie ein ausgewogenes, bedarfsdeckendes Futter einwandfreier Qualität erhält. Das gilt für Fertignahrung gleichermaßen wie für selbst zubereitete Rationen. Wenn Sie das Futter für Ihre Hündin selbst zusammenstellen, sollten Sie spätestens jetzt eine Rationsüberprüfung durch einen Spezialisten (Tierarzt mit Zusatzbezeichnung „Ernährungsberatung Kleintiere“ oder Fachtierarzt für Tierernährung und Diätetik) vornehmen lassen.
Ein Energie- oder Nährstoffdefizit ist in dieser Zeit genauso schädlich wie eine Überversorgung, da beides das Wachstum und die Überlebensfähigkeit der Embryonen negativ beeinflussen kann. Eine Gewichtszunahme bei idealgewichtigen Hündinnen ist jedenfalls unerwünscht, da dies zu Geburtsproblemen führen kann.
Bei manchen Rassen oder auch Zuchtlinien kommt es vermehrt zum Auftreten von Gaumenspalten bei den Welpen. Brachyzephale Hunderassen wie Mops, Boxer und Französische Bulldogge scheinen davon besonders betroffen zu sein. Mehrere Studien[2, 3] kamen zu dem Ergebnis, dass bei solchen prädisponierten Hündinnen eine Zulage von Folsäure (0,4–1,25 mg/kg KM) spätestens ab dem Belegen bis zur fünften Trächtigkeitswoche die Auftretenswahrscheinlichkeit von Gaumenspalten deutlich reduzieren kann.

Fütterung ab der 5. Trächtigkeitswoche

Selbst wenn keine vorherige Trächtigkeitsuntersuchung stattgefunden hat, sollte man spätestens jetzt erkennen können, dass die Hündin trächtig ist. Ist dies der Fall, sollte nun eine Anpassung der Fütterung vorgenommen werden. Folgende Ernährungsbedarfe ändern sich:
Energiebedarf: Der Bedarf an umsetzbarer Energie steigt um bis zu 50 %. Dieser wird am leichtesten über eine erhöhte Fettzufuhr gedeckt. Diese sollte zusätzlich die Versorgung mit essenziellen Fettsäuren (u. a. Docosahexaensäure für eine optimale Hirnentwicklung) sicherstellen. Bei selbst zubereiteten Rationen sollte die Hündin mindestens 0,08 g DHA/kg KM erhalten. Diese ist in hochwertiger Fertignahrung üblicherweise ausreichend vorhanden. Für Selbstkocher: Pro 400 g Futter ½ Teelöffel Sonnenblumenöl sowie pro 15 kg Körpermasse der Hündin ½ Fischölkapsel zugeben.
Ein Energiemangel in dieser Phase der Trächtigkeit hat geringere Geburtsgewichte sowie eine geringere Vitalität der Welpen (durch fehlende Energiereserven) zur Folge. Ebenso kann sich aber auch eine Energieüberversorgung (v. a. durch das daraus resultierende Übergewicht) negativ insbesondere auf den Geburtsverlauf auswirken (Einengung der Geburtswege, Wehenschwäche). Als Faustregel sollte man die folgende Gewichtsentwicklung anpeilen:

- Kurz vor dem Werfen: 120–125 % des Normalgewichts
- Direkt nach dem Werfen: 105–110 % des Normalgewichts

Eiweißversorgung: Die Proteinzufuhr sollte 50–70 % über dem Erhaltungsbedarf liegen, da die Welpen ausreichend „Baumaterial“ für ihre Körperstrukturen wie Haut, Muskulatur und Bindegewebe benötigen.
Calcium und Phosphor: Beide Mineralstoffe sind wichtig für den Geburtsverlauf und die Milchproduktion. Der Bedarf steigt in der zweiten Trächtigkeitshälfte um das Zwei- bis Dreifache an, vor allem um die Skelettentwicklung der Welpen zu ermöglichen.
Eisen: Der Bedarf ist in der letzten Trächtigkeitswoche besonders hoch, weil es nun in der Leber der Föten gespeichert und für die Bildung des Kolostrums gebraucht wird.
Nährstoffmangel in diesem Trächtigkeitsabschnitt hat Folgen:
Jodmangel: Kropfbildung bei den Welpen
Selenmangel: Muskelschwäche bei den Welpen
Vitaminmangel (A, D, E): Geringer Vitamingehalt des Kolostrums. Die Welpen können diese Vitamine jedoch noch nicht speichern und sind auf externe Zufuhr angewiesen.
Nährstoffüberversorgung, aber auch:

Abwechslungsreiche Kost während der Trächtigkeit wirkst sich positiv auf das Fressverhalten der Welpen aus. (Foto: shutterstock.com/Anna Hoychuk)

Vitamin A-Überversorgung (z. B. durch zu viel Leber in selbst gemachten Rationen): Fehlbildungen der Welpen, kleinere Würfe

Vitamin-D-Überversorgung: Verkalkungen des Bindegewebes und Entwicklungsstörungen der Welpen

Füttert man Fertigfutter, kann man die vorgenannten Punkte durch einen simplen Wechsel auf eine energie- und nährstoffdichtere Variante des gewohnten Produkts erfüllen. Viele Hersteller von Trockennahrung bieten beispielsweise spezielle Welpen- oder „High Energy"-Produkte an, die gut geeignet sind.

Bei selbst zusammengestellten Rationen sollte man bindegewebsarmes, fettreiches Fleisch als Basis wählen. Spätestens jetzt sollte ein Teil der Ration aus gut verdaulichen Kohlenhydraten bestehen (weich gekochte Nudeln, Hirse, Kartoffeln oder Reis- und Haferschleim). Die Welpen decken im Mutterleib ihren Energiebedarf ausschließlich aus Glucose, und die Verabreichung leicht verdaulicher Stärkequellen an das Muttertier hilft, diese schnell über den Blutkreislauf bereitzustellen. Wird – wie von einigen BARFern bevorzugt – stärkearm gefüttert, muss die Mutterhündin die Glucose erst durch Gluconeogenese aus Proteinen „herstellen". Dieser Vorgang ist aufwendig, erzeugt viele ausscheidungspflichtige Stoffwechselabbauprodukte und erfordert eine Erhöhung der Fleischmenge um mehr als das Doppelte der Normalration.

Eine Untersuchung[4] ergab, dass eine kohlenhydratfreie Fütterung der Muttertiere die Trächtigkeitsdauer verkürzt und die Überlebenschancen der Welpen reduziert.

Was tun, wenn die Hündin nicht frisst?

Zunächst einmal ist es nicht ungewöhnlich, wenn eine Hündin während der Trächtigkeit bisweilen ihren Appetit verliert – selbst wenn sie ansonsten keine Kostverächterin ist. Vorübergehende Appetitlosigkeit aufgrund hormoneller Umstellungen (auch gern schon während der Einnistung der Embryonen um den 18.–20. Tag) ist normal, hat keine Auswirkungen auf die Entwicklung der Welpen und sollte nicht weiter beachtet werden (um die Hündin nicht proaktiv zu mäkeligem Fressverhalten zu ermuntern).

Ein wenig Abwechslung in der Rationsgestaltung sollte aber von vorneherein eingeplant werden, weil sich eine abwechslungsreiche Kost während der Trächtigkeit später positiv auf das Fressverhalten der Nachkommen auswirken kann. Eine Studie[5] fand nämlich heraus, welchen Einfluss vorgeburtliche Sinneseindrücke auf das spätere Verhalten von Welpen haben. Dazu wurde das Futter trächtiger Hündinnen mit Anisextrakt angereichert. Diese Substanz erreicht die Welpen durch das Fruchtwasser und später auch über die Muttermilch. Welpen, deren Mütter damit während der Trächtigkeit gefüttert wurden, bevorzugten direkt nach der Geburt und auch später das Anisaroma gegenüber neutralen oder neuen Gerüchen (Vanille). Das zeigt, dass Welpen schon mit den Futtervorlieben der Mutterhündin „vorgeprägt" auf die Welt kommen und so gewisse Aromen mit „sicheren Futtermitteln" assoziieren.

Bei länger dauernder Appetitlosigkeit (mehr als 1–2 Tage) im letzten Trächtigkeitsdrittel ist die Fütterung zu überprüfen. Mögliche Maßnahmen, um die Nahrungsaufnahme wieder anzukurbeln, sind die Aufteilung der Tagesration auf mehrere kleine Mahlzeiten, die geschmackliche Aufwertung des Futters (möglichst ohne dessen Ausgewogenheit negativ zu beeinflussen) oder die Einbindung von Futter in Spiele/Beschäftigung mit der Hündin.

Manche Hündinnen tragen deutlich mehr Welpen aus, als es für ihre Größe üblich ist. Man spricht dann von „Superfetation". In solchen Fällen kann es im Bauch der Hündin frühzeitig zu „akutem Platzmangel" kommen, der eine Nahrungsaufnahme

nur noch sehr begrenzt zulässt. Hier ist erhöhte Wachsamkeit geboten, damit die Hündin nicht unbemerkt in eine Gestose (trächtigkeitsbedingte Stoffwechselentgleisung) gerät.
Die Zufütterung von besonders energiereichen Pasten oder Rekonvaleszenzdiäten ist in diesen Fällen empfehlenswert, um die Hündin bestmöglich zu unterstützen. In sehr schweren Fällen kann ein frühzeitiger Kaiserschnitt notwendig werden, um das Leben von Mutterhündin und Welpen zu retten.

Die letzten Tage vor der Geburt

Ein bis zwei Tage vor der Geburt fressen viele Hündinnen weniger oder stellen die Nahrungsaufnahme ganz ein. Dies ist normal und unkritisch – der Organismus stellt sich auf den Geburtsvorgang ein, wozu auch eine möglichst vollständige Entleerung des Magen-Darm-Trakts gehört. Wenn die Hündin nicht von selbst ihr Futter verweigert, sollte ihr jetzt nur noch maximal die Hälfte der normalen Ration bereitgestellt werden. Zeigt die Hündin Anzeichen von Verstopfung, kann ein wenig Milch oder Weizenkleie in der Ration Abhilfe schaffen. Regelmäßige Spaziergänge helfen zusätzlich, den Darm in Schwung zu halten.

Versorgung von Saugwelpen

Schon kurz vor der Geburt beginnt die Mutterhündin mit der Milchbildung, erkennbar an ihrem prallen Gesäuge und „Harztröpfchen“ an den Zitzen. Bei einem normalen Geburtsverlauf machen sich vitale Welpen üblicherweise sehr rasch zum Gesäuge auf und nehmen dort ihre erste Milchmahlzeit ein. Die dabei entstehenden Berührungsreize (durch Milchtritt und Saugen der Welpen) sorgen für eine starke Oxytocin-Ausschüttung bei der Hündin, die einerseits die gegebenenfalls noch laufende Geburt weiter befördert, andererseits den Milchfluss richtig in Fahrt bringt.
Die Milch, die die Hündin um den Zeitpunkt der Geburt herum bildet, hat eine besondere Zusammensetzung und wird „Kolostrum“ genannt. Sie stellt eine Art „Care-Paket“ dar und ist sehr reich an Vitaminen, Spurenelementen (Eisen) und Immunglobulinen. Letztere sind Antikörper, die zur passiven Immunisierung der Welpen beitragen. Die Art der Antikörper (bzw. gegen welche Keime sie wirken können) hängt von der Keimflora in der Umgebung der Hündin ab, in der sie während der letzten Trächtigkeitswochen lebt. Deshalb sollte die Hündin einige Wochen vor der Geburt zu dem Ort gebracht werden, an dem die Welpen aufgezogen werden. Nur dann wird sie die Antikörper bilden, die die Welpen nach der Geburt vor den Krankheitserregern in ihrer direkten Umgebung schützen.
Die Darmwand der Welpen ist allerdings nur während der ersten 24 Lebensstunden für diese Immunglobuline passierbar, und die Zusammensetzung der Milch ändert sich schnell nach der Geburt. Daher sollte jeder Züchter darauf achten, dass die Welpen unmittelbar nach der Geburt ausreichend mit Kolostrum versorgt werden.

Bei sehr großen Würfen kann das Zufüttern mit Welpenmilch notwendig sein. (Foto: shutterstock/Glikiri)

Fütterung der laktierenden Hündin

Der Energiebedarf der Hündin steigt ab dem Tag der Geburt bis drei Wochen nach der Geburt kontinuierlich an und kann bis zum Vierfachen des Normalbedarfs betragen. Eine Hündin mit einem Körpergewicht von 30 kg, die acht Welpen zur Welt gebracht hat, produziert am Tag bis zu drei Liter Milch. Insgesamt kann man also schätzen, dass sie in der Säugephase von sechs bis sieben Wochen ca. 75 Liter Milch bildet. Zum Vergleich: Eine stillende Frau bildet etwa 750 ml Milch pro Tag, bräuchte also für die gleiche „Produktion“ mehr als 14 Wochen.
Um die Milchproduktion zu unterstützen, sollte die Hündin ad libitum mit hochverdaulichem, energiereichem und sehr nährstoffdichtem Futter versorgt werden, z. B. Fertignahrung für Welpen oder sehr aktive Hunde. Frisches Trinkwasser ist stets bereitzustellen – eine 35 kg schwere Hündin mit großem Wurf benötigt ungefähr fünf bis sechs Liter Wasser pro Tag!

Zusätzlich können der Hündin „schmackhafte Getränke“ (Fleischbrühe, laktosefreie Milch, „Welpenmilch“ …) angeboten werden, die sie gleichzeitig mit weiterer Energie und Nährstoffen versorgen.

Wenn die Hündin mit selbst gemachten Rationen gefüttert werden soll, sollten eher fettreiche und bindegewebsarme Eiweißquellen verwendet werden (fettes Fleisch, Sahnequark, Eier). 10–20 % der Ration sollten nach wie vor aus leicht verdaulichen Kohlenhydratquellen bestehen. Kalorienarme Futtermittel (Obst, Gemüse) sollte man eher vermeiden – Ausnahmen bilden gekochte Kartoffeln und überreife Bananen.

Auf jeden Fall sind solche Mahlzeiten mit einer geeigneten Vitamin-/Mineralstoffmischung zu substituieren, denn allein der Calciumbedarf kann bei einer laktierenden Hündin bis zum Fünffachen des Normalwerts ansteigen.

Ernährung in den ersten Lebenswochen

In den ersten Wochen nach der Geburt sind die Welpen über die Muttermilch rundum bestens versorgt – vorausgesetzt, die Hündin produziert genügend Milch und der Wurf ist nicht zu groß. Ob dies der Fall ist, merkt man beim täglichen Wiegen der Welpen. Eine Stagnation oder leichte Gewichtsabnahme in den ersten 24 Stunden nach der Geburt ist normal, danach sollten die Welpen stetig zunehmen und ihr Geburtsgewicht um den 10. Lebenstag verdoppelt haben. Faustregel für eine gesunde Gewichtszunahme ist: 2–4 g pro Tag pro kg Körpergewicht des gleichgeschlechtlichen Elternteils.

Bei sehr großen Würfen oder mangelnder Milchproduktion des Muttertiers kann schon ab dem ersten Lebenstag mit dem Zufüttern der Welpen begonnen werden. Es gibt inzwischen bedarfsgerechte und qualitativ hochwertige Milchaustauscher für Hunde („Welpenmilch“), die sicher und einfach in der Anwendung sind. Möchte man die Ersatzmilch selbst zubereiten, gibt es auch dafür passende Rezepte. Eine ersatzweise Fütterung von reiner Ziegen- oder Kuhmilch ist jedoch nicht anzuraten und kann auf Dauer zu schweren Entwicklungsstörungen der Welpen führen.

Dabei sollte jedoch stets bedacht werden, dass die beste Nahrung für die Welpen immer noch die Muttermilch ist. Deshalb sollten bevorzugt die großen, weit entwickelten Welpen zugefüttert werden, während die kleineren Welpen von der Mutterhündin gesäugt werden sollten, damit die Unterschiede in Größe und Gewicht rasch überwunden werden können.

Erkrankt die Mutterhündin (z. B. an einer Gesäugeentzündung) oder verstirbt sogar, ist dies eine Indikation zur mutterlosen Aufzucht.

Wichtig ist neben der Wahl einer passenden Ersatzmilch auch die Fütterungstechnik. Am besten gelingt die Fütterung über eine geeignete, spezielle Trinkflasche für Welpen. Das Loch im Sauger sollte so klein sein, dass Milch aus der kopfüber gehaltenen Flasche heraustropft, nicht läuft. Eine Alternative können Kosmetikschwämmchen in Verbindung mit Einmalspritzen sein – suchen Sie nach dieser Technik unter „Puppy Sponge Feeding“ im Internet.

Nehmen Sie den Welpen zur Fütterung auf den Schoß in Bauchlage, und bieten ihm Ihren Arm oder ein Polster an, damit er den Milchtritt ausführen kann. Eine Fütterung in Rückenlage, bei der der Welpe wie ein menschliches Baby auf dem Arm gehalten wird, ist nicht artgerecht und kann dazu führen, dass

Die Welpen sollten beim Züchter an verschiedene Nahrungen gewöhnt werden. (Foto: Tierfotoagentur.de/ P. Müller)

Milch statt in den Magen in die Lunge gerät. Saugwelpen sollten mindestens sechs, besser acht Mal pro Tag gefüttert werden. Besonderes Augenmerk sollte auch auf die Fütterungsmenge gelegt werden – erfahrungsgemäß[6] geben viele Züchter ihren Welpen zu viel Milchaustauscher, was unmittelbar Verdauungsprobleme, mittelbar Probleme mit dem Bewegungsapparat hervorrufen kann. Ein 300 g schwerer Welpe braucht z. B. rund 50 ml eines kommerziellen Milchaustauschers pro Tag, aufgeteilt auf die entsprechende Anzahl von Mahlzeiten.

Umstellung auf feste Nahrung

Etwa ab der dritten oder vierten Lebenswoche beginnen die Welpen sich für festes Futter zu interessieren. Instinktsichere Hündinnen können in dieser Zeit dazu neigen, ihren Welpen Teile ihrer eigenen Mahlzeit als erste Beikost vorzuwürgen. Das ist zwar nicht besonders appetitlich, aber absolut normales Hundeverhalten.Auf jeden Fall ist nun der Zeitpunkt gekommen, dass die Welpen mehrfach täglich feste Nahrung erhalten. Viele Züchter haben ihre „Traditionsrezepte" für die ersten Mahlzeiten (Tartarbällchen, Haferschleim mit Quark ...). Dagegen ist nichts einzuwenden, wenn die Hauptnährstoffquelle der Welpen in diesem Alter noch die Muttermilch darstellt. Bei zunehmender Steigerung der Futtermenge sollte jedoch Wert auf eine ausgewogene, bedarfsdeckende Kost gelegt werden. Dazu bieten sich spezielle Fertignahrungen für Welpen an („Puppy Starter"), die als Trocken- oder Nassfutter erhältlich sind. Natürlich kann man das Futter für die Welpen auch selbst zusammenstellen – hier sind aber höchste Ansprüche an die Hygiene bei der Zubereitung und die Ausgewogenheit der Rezepturen zu legen.

Ernährung der Welpen bis zum Auszug

Damit die Welpen sich problemlose Ernährungsgewohnheiten aneignen, sollten ihnen verschiedene Futterarten während der Prägungsphase angeboten werden. Sie sollten an verschiedene Nahrungen gewöhnt werden, wie Trockenfutter, Dosennahrung und selbst gemachte Rationen. Die Welpen sollten vier bis fünf Mahlzeiten am Tag bekommen, die durchaus unterschiedliche Zusammensetzungen haben dürfen. Selbst wenn Sie überzeugte Verfechter der einen oder anderen Fütterungsmethode sind, können Sie nie vorhersagen, wie die Fütterung des jeweiligen Welpen auf Lebenszeit aussehen wird. Von daher geben Sie ihm das entsprechende Rüstzeug mit und füttern Sie abwechslungsreich!

Fütterung im ersten Lebensjahr

Im Normalfall ziehen die Welpen im Alter von acht bis zwölf Wochen aus. Es ist empfehlenswert, dass die neuen Besitzer die Fütterungsweise des Züchters übernehmen, zumindest so lange, bis der Welpe sich gut eingelebt hat. Anderenfalls könnte es sein, dass der Welpe, der nun viele neue Eindrücke verarbeiten muss, zusätzlich noch an Verdauungsstörungen leidet. Es ist nicht ungewöhnlich, wenn der Welpe in den ersten Tagen im neuen Zuhause keinen großen Appetit hat. Schließlich muss er viele neue Eindrücke verarbeiten, befindet sich in einer ungewohnten Umgebung und erfährt keine Nahrungskonkurrenz mehr durch seine Geschwister. Folgende Tipps für die neuen Halter haben sich daher bewährt:

- Die ersten Mahlzeiten dürfen gerne nur aus der halben normalen Ration bestehen. Das ist leichter „zu bewältigen" und lässt Appetit für die nächste Mahlzeit übrig.
- Wichtig sind Ruhe und wenig Ablenkung während der Fütterungszeiten, damit sich der Welpe überhaupt an den Napf traut. Je weniger Beachtung dem Welpen bei der Fütterungszeit geschenkt wird, desto schneller normalisiert sich erfahrungsgemäß dessen Fressverhalten.
- Insbesondere sollte nicht versucht werden, den Welpen zum Futter zu locken, ihn aus der Hand zu füttern oder das Futter „geschmacklich aufzuwerten".

Das intensivste Größenwachstum findet in den ersten vier Lebensmonaten statt. In dieser Zeit sollte der junge Hund mit einem energiereichen, sehr nährstoffdichten Futter ernährt werden – wie beispielsweise einer Trockennahrung speziell für Welpen. Kleine und mittelgroße Hunde (erwartetes Erwachsenengewicht unter 20 kg) können dieses Welpenfutter erhalten, bis sie mit zehn oder zwölf Monaten ausgewachsen sind. Junghunde großer und sehr großer Rassen sollten im Alter von etwa fünf Monaten auf eine energieärmere Nahrung umgestellt werden, damit das Größenwachstum nicht zu schnell erfolgt. Ein spezielles „Junior-Futter" für junge Hunde großer Rassen ist hier ideal, da es weniger Energie, jedoch alle Nährstoffe enthält, die junge Hunde benötigen.

Die zu erreichende Widerristhöhe des Hundes ist ein genetisch fixiertes Merkmal, aber mit der richtigen Ernährung kann die Schnelligkeit des Größenwachstums verlangsamt werden. Dies ermöglicht es den Knochen, dem Bindegewebe und den Muskeln, sich richtig zu entwickeln. Allerdings sieht man es frohwüchsigen Junghunden nicht an, dass sie zu schnell wachsen. Erhalten Hunde in diesem Alter zu viel Energie (sei es durch ein zu fettreiches Grundfutter, durch zu viele Futterbelohnungen zwischendurch oder einfach durch zu üppige Mahlzeiten), setzen sie nicht etwa Speckröllchen an, sondern schießen in die Höhe. Dabei sehen sie fatalerweise eher zu schlank als zu dick aus, was den Hundehalter möglicherweise dazu animiert, noch mehr zu füttern und die Problematik weiter zu verschärfen.

Um Wachstumsprobleme frühzeitig erkennen zu können, ist eine individuelle Wachstumskurve für den jeweiligen Junghund hilfreich. Solche Wachstumskurven können Sie kostenlos unter https://www.napfcheck.de/welpen-wachstumskurve/ herunterladen und Ihren Welpenkäufern mitgeben. So haben diese jederzeit eine objektive Orientierungshilfe zum Entwicklungsstand ihres Vierbeiners.

Abschließend noch ein Tipp: Laden Sie die neuen Hundehalter doch zu einem gemütlichen Welpentreffen ein, wenn die Hunde vier oder fünf Monate alt sind. Hier können Sie körperliche wie verhaltensbezogene Fehlentwicklungen zeitnah erkennen und typische Probleme dieses Lebensabschnitts (z. B. Zahnwechsel) thematisieren.

BARBARA **THIEL ...**

... ist Tierärztin mit Schwerpunkt Tierernährung und arbeitet in der Produktentwicklung der Bewital petfood GbmH & Co.KG, wo sie außerdem als fachliche Ansprechpartnerin des BELCANDO Experten Club für Züchter und Hundetrainer das Schulungswesen leitet. Sie hält derzeit zwei Greyhounds und einen Border Terrier und ist Zuchtleiterin im Deutschen Windhundzucht- und Rennverband.

www.belcando.de

Quellenangaben:

1 Untersuchungen zum Effekt der Aminosäure L-Tyrosin auf die Fruchtbarkeit der Hündin, Spankowsky, Sonja, 2014, Freie Universität Berlin

2 Oral folic acid supplementation decreases palate and/or lip cleft occurrence in Pug and Chihuahua puppies and elevates folic acid blood levels in pregnant bitches, A. Domosławska, A. Jurczak, T. Janowski, 2013, Universität Ermland-Masuren in Olsztyn

3 Folic acid and cleft palate in brachycephalic dogs, Guilloteau, A. G., Servet, E. S., Biourge, V., Ecochard, C., 2006, Waltham Focus 16

4 Influence of a Low Carbohydrate Diet on Performance of Pregnant and Lactating Dogs, Dale R. Romsos, Helen J. Palmer, Kathleen L. Muiruri, Maurice R. Bennink, 1981, Michigan State University

5 Perinatal Olfactory Learning in the Domestic Dog, Peter G. Hepper and Deborah L. Wells, 2006, Queens University Belfast

6 Composition and use of puppy milk replacers in German Shepherd puppies in the Netherlands", R. J. Corbee, M. A. Tryfonidou, I. P. Beckers, H. A. W. Hazewinkel, 2011, Universität Utrecht

ZWEI SEELEN WOHNEN, ACH!, IN IHRER BRUST…

ÜBER DESIGNERDOGS, DOODLES UND DEN PERFEKTEN FAMILIENHUND

VON PETRA BALAI

Die Selektion auf verschiedene Hunderassen begann vermutlich etwa 1000 vor Christus, denn Skelette von Hunden aus dieser Zeit unterschieden sich bereits in Form und Größe. Die von den Römern vorgenommene Einteilung der Hunde in Jagd-, Wach- und Hirtenhunde wurde annähernd bis ins Mittelalter beibehalten, sodass verschiedene – oft recht spezialisierte – Jagdhunderassen, aber auch Hofhunde und Schäferhunde entstanden. Wichtigstes Kriterium war, dass sich die Hunde für bestimmte Aufgaben eigneten. Als ab Mitte des 19. Jahrhunderts die Arbeitsrassen an Bedeutung verloren und sich manche Menschen Hunde ohne Zweckgebundenheit leisten konnten, verschob sich der Fokus noch einmal: Nun definierten vor allem äußere Merkmale die jeweilige Rasse, erste Ausstellungen wurden organisiert und die Anforderungen an Hunde veränderten sich. Während manche Arbeitsrassen überdauerten und verbessert wurden, gewannen daneben auch Hunde als reine Begleiter ohne Aufgabe an Beliebtheit.

Rassehundezucht ist also immer den Ansprüchen der jeweiligen Gesellschaft unterworfen, was bedeutet, dass die Popularität der verschiedenen Hunderassen ebenfalls stark schwankt. Während z. B. in den Fünfzigern und Sechzigern der Pudel als eleganter Familienhund beliebt war, boomte in den Achtzigern der Cockerspaniel und nach der Jahrtausendwende der Jack Russell als Familienhund. Der Golden Retriever erlebte seine Zeit als Modehund noch in den Neunzigern – leider mit allem, was an Nachteilen dazugehört. Vermehrer überschwemmten damals den „Markt" mit Welpen, deren Eltern keinerlei gesundheitliche Voruntersuchungen hatten und die teilweise massive Verhaltensprobleme mit sich brachten. Anstatt daraus die Konsequenz zu ziehen und sich einen Welpen aus einer verantwortungsvollen Zucht zu suchen, reagierten viele Interessenten leider so, wie es noch immer geschieht: Man wechselte halt zur nächsten (noch) gesunden Moderasse. Vor dem Jahr 2000 war der Australian Shepherd eine noch relativ unbekannte Rasse in Deutschland und auch auf einen Labrador-Retriever-Welpen aus VDH-Zucht musste man lange warten; helle und braune Labrador Retriever hatten echten Seltenheitswert. Heute dürfte es kaum noch einen Hundeverein geben, in dem nicht mehrere „Aussies" und „Labbis" mittrainieren.

Es gibt heute knapp 350 von der FCI (Fédération Cynologique Internationale) anerkannte Hunderassen und es dauert mitunter lange, bis eine neue Rasse an-

Der Labradoodle ist einer der belibtesten "Designerhunde", dessen Welpenpreis meist über dem der beteiligten Rassehunde liegt.

(Foto: shutterstock.com/Shawn Goldberg)

erkannt wird. So ist z. B. der inzwischen weitverbreitete „Mini-Aussie“ erst seit September 2019, also fast zehn Jahre nach seiner Anerkennung in Amerika, als „Miniature American Shepherd“ von der FCI als Rasse (vorläufig) aufgenommen worden. Dem Ausstellungswesen wird oft vorgeworfen, dass es nur auf den Phänotyp achtet und dabei Charaktereigenschaften vernachlässigt. Es findet sich zwar in der Beschreibung jedes Rassestandards auch ein Absatz über den erwünschten Charakter, doch ist dieser oft vage formuliert und großzügig interpretierbar. Der Miniature American Shepherd wird z. B. folgendermaßen beschrieben: „Fremden gegenüber ist er reserviert, jedoch nicht scheu. Er ist ein ausdauernder und robuster Arbeiter, der Verhalten und Auftreten seiner jeweiligen Aufgabe anpasst. In der Familie agiert er beschützend, freundlich, anhänglich und loyal.“

Messbar sind diese Eigenschaften nicht, schon gar nicht im Rahmen einer Ausstellung. Die Beschreibung des Charakters nimmt insgesamt acht Zeilen ein – die Beschreibung des Aussehens dagegen fast sechs Seiten. Es liegt also nahe, dass sich neben der FCI auch andere Zuchtverbände, wie z. B. die ISDS (International Sheepdog Society), um die Zucht echter „Gebrauchshunde“ bemühen, bei denen die Arbeitseigenschaften und der Charakter über den Zuchtwert entscheiden und ein schiefes Ohr oder die falsche Farbe nicht zuchtausschließend sind.

Genetische Vielfalt

Die Idee, eine neue Rasse zu züchten, bei der auf die inneren Werte geachtet wird und die den Ansprüchen der modernen Gesellschaften optimal angepasst ist, ist dabei nicht neu. Vorteile und Probleme dieser Idee lassen sich anhand des Kromfohrländers gut nachvollziehen. Diese Rasse, in der Nachkriegszeit aus einem Mischling und einer Foxterrierhündin entstanden, wurde 1955 im VDH anerkannt und hat als handlicher Familienhund mit pfiffigem Aussehen und geringem Jagdtrieb rasch begeisterte Anhänger gewonnen. Leider nicht genug, um die Zucht aus sich heraus gesund zu halten: Wenn es nur wenige Würfe im Jahr gibt, bedeutet dies, dass der Genpool verhältnismäßig klein bleibt. Diese reduzierte genetische Vielfalt ermöglicht es verschiedenen Erkrankungen, sich innerhalb der Rasse zu etablieren. Epilepsie, diverse Krebsarten sowie Augen- und Autoimmunerkrankungen haben dem Kromfohrländer stark zugesetzt und die Lebenserwartung ist daher geringer als bei anderen Rassen gleicher Größe: In der Theorie mag sie mit 12 bis 14 Jahren angegeben werden, realistisch ist das nur in Ausnahmefällen.

Abhilfe kann dabei das Einkreuzen einer anderen Rasse mit größerem Genpool schaffen, wie es derzeit vom Verein ProKromfohrländer e.V. mit dem Danks-Svensk Gardhund vorgenommen wird. Durch Rückkreuzen dieser F1-Generation mit jeweils reinrassigen Kromfohrländern erhält man in der F4-Generation Welpen, die nun wieder zu 94 Prozent Kromfohrländer sind. In Finnland ist ein gezieltes Einkreuzprojekt beim Kromfohrländer durch den Rasseverband genehmigt, während das Einkreuzen von Fremdrassen im VDH nicht vorgesehen ist. Die Züchter haben also die Wahl, sich selbst außerhalb des VDH zu organisieren oder dem möglichen Verschwinden der Rasse aufgrund ihrer gesundheitlichen Probleme entgegenzusehen. (Ich möchte mitnichten diese sehr charmante Rasse in ein schlechtes Licht rücken, sondern wünsche den Züchtern, dass sie hier einen gemeinsamen Weg finden.)

Der Wunsch, die Gesundheit einer Rasse durch Einkreuzen zu verbessern, ist nicht nur nachvollziehbar, sondern fast eine Verpflichtung den Tieren gegenüber. So gelang es dem amerikanischen Genetiker Robert Schaible durch Einkreuzen von Pointern die Dalmatiner über mehrere Generationen hinweg von der problematischen Neigung, Blasensteine zu bilden, zu befreien. Nach sechs Generationen betrug der Pointeranteil weniger als ein Prozent, und die sogenannten LUA-Dalmatiner (Low Uric Acid, „niedrige Harnsäure“, also Hunde, deren Körper die Harnsäure abbauen konnten) waren optisch nicht von anderen Dalmatinern zu unterscheiden. Nach langjährigem Widerstand sind diese LUA-Dalmatiner inzwischen im VDH anerkannt, womit man der Rasse sicherlich einen sinnvollen Dienst erwiesen hat.

Modefarben

Doch leider lassen sich Einkreuzungen auch für weniger sinnvolle Ziele nutzen, wie am plötzlichen Auftauchen neuer Farben sichtbar wird: An den Anblick von merlefarbenen Chihuahuas und Spitzen hat man sich – leider – schon beinahe gewöhnt, aber ob es wirklich „logisch“ ist, merlefarbene Labradore zu züchten, weil man bereits gescheckte Pferde züchtet (wie es auf der Seite der „neuen Rasse“ „Leopard Labrador Dog“ heißt), ist eher zu bezweifeln. Die Vorgehensweise folgt simpler Genetik: Die F1-Generation besteht zu 50 Prozent aus Labrador und zu 50 Prozent aus einem – natürlich merlefarbenen – Australian Shepherd. In der F2-Generation werden diese Mischlinge wiederum mit einem Labrador verpaart usw., bis man ab der F6-Generation wieder beim –

nunmehr bunt gescheckten – Labrador angelangt ist.
Es ist bekanntlich gesundheitlich problematisch, zwei Merle-Hunde miteinander zu verpaaren: Erhält ein Welpe von beiden Elterntieren das Merle-Gen, tritt dieses also homozygot auf, kann es zu schweren Defekten wie Taubheit und Blindheit oder Missbildungen der Augen kommen. Die Verpaarung zweier Merle-Elterntiere ist daher nach dem deutschen Tierschutzgesetz seit 2013 als Qualzucht verboten. Das Merle-Gen hellt das Eumelanin auf, was zu der charakteristischen Zeichnung führt. Bei Hütehunderassen, wie z. B. Collie, Australian Shepherd, Border Collie und Sheltie, sieht man in der Regel recht gut, welcher Hund als Merle erscheint – doch gibt es auch hier Hunde, die so gut wie keine erkennbaren Flecken aufweisen und bei denen nur ein Gentest zeigt, ob der Hund das Merle-Gen trägt. Diese Problematik existiert selbstverständlich auch bei Rassen, in die nun dieses Gen eingekreuzt wird.
Doch immerhin bekennen sich die Züchter dieser „neuen Rasse“ dazu, eine andere Rasse eingekreuzt zu haben. Dagegen ist es beim sogenannten „Silbernen Labrador“ umstritten, ob die silberne Farbe durch Spontanmutation oder durch Einkreuzen eines Weimaraners entstanden ist. Zumindest tauchten vor ca. 35 Jahren die ersten silbernen Welpen bei einem amerikanischen Züchter auf, der sowohl Labrador Retriever als auch Weimaraner züchtete. Letztendlich ist dies aber unerheblich, denn das Problem ist ein ganz anderes. Wie bereits festgestellt, neigt der Markt für Modehunde dazu, sich regelmäßig einer anderen Rasse zuzuwenden. Es spricht für das Wesen des Labradors, dass er sich schon seit 20 Jahren an der Beliebtheitsspitze hält – doch vielleicht wächst gerade dadurch die Nachfrage nach alternativen Farben. Die Farben Silber, Charcoal und Champagner entstehen, wenn das Dilute-Gen ins Spiel kommt. Das Dilute-Gen bewirkt, dass sich das Eumelanin aufhellt, während das Phäomelanin nahezu unverändert bleibt, d. h. schwarze oder dunkelbrau-

ne Bereiche im Fell werden aufgehellt, was aus einem braunen Labrador einen silbernen Labrador macht, aus einem schwarzen Labrador „Charcoal" und aus einem blonden Labrador „Champagne". Das Dilute-Gen kommt in zwei Ausprägungen vor, den Allelen. Die ursprüngliche oder „Wildtyp"-Form bezeichnet man mit „D", die mutierte, defekte Form mit „d". Der Hund erbt jeweils ein Allel von der Mutter und eines vom Vater. Erbt ein Hund also zweimal den „Wildtyp" (D/D), wird er keine aufgehellte Fellfarbe erhalten. Da der „Wildtyp" dominant ist, wird auch ein Hund, der D/d in sich trägt, keine hellere Fellfarbe zeigen, allerdings vererbt er mit 50 Prozent Wahrscheinlichkeit das mutierte Allel „d" an seine Nachkommen weiter. Durch Gentests lässt sich ermitteln, ob ein Hund D/D oder D/d oder d/d ist, wobei d/d als aufgehellte Farbe sichtbar sein sollte (bei Champagne ist das oft schwer zu erkennen). Es wäre also ein Leichtes, durch Verzicht auf eine Verpaarung mit d/d-Trägern die Weitervergabe des rezessiven Dilute-Gens zu vermeiden. Doch hier trennen sich die Zuchtziele: Während seriöse Züchter bewusst auf eine d/d-Verpaarung verzichten, verpaaren Farbzüchter einen d/d-Hund mit weiteren D/d- oder d/d-Tieren, sodass der prozentuale Anteil an Nachkommen mit aufgehellter Fellfarbe mit jeder Generation steigt. Die Kritik an der Zucht silberner Labradore beruht nicht auf ästhetischen Gründen oder dem Bestehen auf traditionellen Farben. Nicht einmal die Frage, ob ein Weimaraner seine Pfoten mit im Spiel hatte, ist dabei relevant. Allerdings erkranken Hunden, die ein doppeltes mutiertes Dilute-Gen tragen (d/d), mitunter an CDA (Color Dilution Alopecia = Farbmutantenalopezie), einer Hauterkrankung, die zu kahlen Stellen, Ekzemen, schlechter Wundheilung und extremer Schuppenbildung führen kann. Aber nicht nur die Haut, sondern auch innere Organe (Leber, Niere) oder das Immunsystem können beeinträchtigt sein. Beim Dobermann gilt daher die Zucht sogenannter blauer Dobermänner, die (d/d) aufweisen, wegen der gravierenden Folgen als Qualzucht (Blue-Dog-Syndrom) und somit als Verstoß gegen das Tierschutzgesetz (dies gilt ebenso für den Deutschen Pinscher). Das Argument, dass andere Rassen, z. B. der Weimaraner, manche Hütehunde oder auch Katzen, das Dilute-Gen tragen, ohne jemals an CDA zu erkranken, nützt den Labrador Retrievern wenig. Offenbar gibt es Rassen, die durch das Dilute-Gen keine gesundheitlichen Probleme entwickeln, während andere Rassen dies tun. Wenn man auf der Suche nach einem besonderen Hund ist, sollte man sich vor Augen halten, dass zwar nicht jeder silberne, charcoal oder champagne Labrador an CDA erkrankt, dass aber jeder an CDA leidende Labrador deshalb erkrankt ist, weil er das doppelte mutierte Dilute-Gen trägt. Ob einem die Farbe das Risiko wert ist, dass der eigene Hund ab ca. einem Jahr chronisch erkrankt, muss wohl jeder für sich entscheiden. Wer aber die Rasse an sich und nicht nur die Farbe liebt, sollte aus Tierschutzgründen diese Zucht nicht unterstützen. Auch der VDH positioniert sich klar dagegen.

Die silbernere Farbe des Labradors geht mit diversen gesundheitlichen Risiken einher, ihre Zucht ist deshalb innerhalb der FCI nicht erlaubt.
(Foto: shutterstock.com/ Marie Hein)

Der Doodle

Wer vom Labrador spricht, kommt auch am Labradoodle nicht vorbei. In den 1980ern erhielt der Australier Wally Conron, der für die Royal Guide Dog Association arbeitete, die Anfrage einer sehbehinderten Frau, deren Mann eine Hundehaarallergie hatte. Zunächst versuchte er zwei Jahre lang erfolglos, einen geeigneten Pudel zu finden. Schließlich verpaarte er einen Großpudel mit einem Labrador, in der Hoffnung, dadurch einen geeigneten Welpen zu erhalten. Von den drei Welpen wurden Speichel- und Haarproben an das Ehepaar versandt, und auf die Proben eines Welpen reagierte der Mann nicht allergisch. Blindenführhunde werden i. d. R. im ersten Jahr vor ihrer Ausbildung in Gastfamilien sozialisiert, doch für die Mischlingswelpen fanden sich zunächst keine Interessenten. Erst als Conron sie nicht mehr als Mischlinge, sondern als neue, allergiefreundliche Blindenhunderasse „Labradoodle“ anpries, fanden sich nicht nur Gastfamilien, sondern es trafen auch Nachfragen von anderen interessierten Ausbildungszentren und Sehbehinderten ein. Doch Conron musste schnell feststellen, dass nicht jeder Labradoodle auch hielt, was die Idee dahinter versprach: Im nächsten Wurf waren nur drei von zehn Welpen für Allergiker geeignet. Erst später erkannte er, dass er damit Tür und Tor für ein Angebot an angeblich nicht allergieauslösenden Pudelkreuzungen geöffnet hatte: Jeder konnte nun seine Mischlinge mit dem entsprechenden Namenssuffix „doodle“ oder „poo“ als „hypoallergen“ anpreisen – vorausgesetzt, ein Elternteil war ein Pudel. Davon abgesehen, dass es keine Rasse gibt, deren Vertreter zu 100 Prozent auch für Allergiker geeignet sind, ist beim Labradoodle die Wahrscheinlichkeit deutlich geringer als z. B. beim Pudel. Dass Labradoodle nicht haaren, ist ein weiterer Mythos, der zu vielen Enttäuschungen führt. Aus dem aus Unachtsamkeit entstandenden Mischling, den man früher mit Müh und Not in gute Hände vermittelt hat, ist heute der geplant vermehrte Designerhund geworden, der auf einschlägigen Internetportalen für 2500 € aufwärts erworben werden kann. Ob Cavapoo, Cockerpoo oder Schnoodle (Schnauzer x Pudel) – der Fantasie sind hier keine Grenzen gesetzt. Selbst einzelne bekannte Züchter mit Jahrzehnten an Zuchterfahrung wenden sich diesem lukrativen Geschäft zu und produzieren „Border Colloodles“ als ideale Sport- und Familienhunde.

Derartige Entgleisungen Conron vorzuwerfen, wäre jedoch unfair, denn er hatte keine Glaskugel, die ihm diese Entwicklung prophezeit hätte. Leider führt Conron in seinem Bericht nicht aus, warum er keinen geeigneten Pudel als Blindenführhund fand. Während meiner Recherche habe ich in einer Labradoodle-Gruppe und verschiedenen Labradoodle-Besitzern die Frage gestellt, warum sie sich für einen Labradoodle und nicht für einen Labrador oder Pudel entschieden haben. Die Antworten waren meist (unbewusst) vage, denn es wurde immer mit Begeisterung berichtet, wie toll der eigene Hund sei (verständlich und nachvollziehbar), manchmal wurde das Nichthaaren genannt, doch gab es darauf immer Einwände von Labradoodle-Besitzern, deren Hunde stark haaren. Andere meinten, dass man einfach „keinen Pudel“ hätte haben wollen (Frisur und Klischee wurden hier als abschreckend benannt, die kräftigere Statur des Labradors bevorzugt). Eine Frau sagte, man habe das Beste aus beiden Rassen kombinieren wollen, nämlich „die Gelehrigkeit des Pudels mit der Freundlichkeit des Labbis“. Wäre die Zuordnung dieser Eigenschaften umgekehrt gewesen, hätte sie für mich allerdings genauso viel Sinn ergeben. Einen überzeugenden Grund, was den Labradoodle im Vergleich zu seinen beiden Namensgebern „besser“ macht, konnte ich keiner Antwort entnehmen. Einen sehr kritischen Beitrag über Labradoodles hat der Labradorbesitzer Peter Dvorak verfasst, den man generell auf die Zucht von Hybriden oder Designerdogs übertragen kann: Zum einen hinterfragt er, ob für diese Kombination tatsächlich die wertvollsten Zuchthunde genommen würden, denn ein zuchttauglicher, typvoller, charakterlich einwandfreier Vertreter seiner Rasse werde ja kaum in die Mischlingszucht gehen (dies ist in vielen Verbänden ein Grund, aus dem Verband ausgeschlossen zu werden). Aber auch die Kombination zweier ursprünglich für die Jagd gezüchteten Rassen betrachtet er mit gemischten Gefühlen. In Amerika wird inzwischen versucht, aus dem ehemaligen Hybridhund Labradoodle eine eigenständige Rasse herauszuzüchten.

Der Elo© ist sogar markengeschützt. (Foto: shutterstock.com / Christian Mueller)

Zu Labrador und Pudel gesellte man noch den Cocker Spaniel (sowohl English als auch American, mitunter auch Irish Water Spaniel), womit man die Knochenstärke des Labradors und ein besonders weiches Haarkleid erhalten wollte. Zu Ehren Mr Conrons nannte man ihn „Australian Labradoodle". Es sollen bereits 70.000 Australian Labradoodles weltweit existieren; wie beim Pudel gibt es ihn in verschiedenen Größen. Ob er sich aber langfristig als eigenständige Rasse etabliert, bleibt abzuwarten.

Hunde mit Markenschutz

Eine weitere spannende Zuchtgeschichte hat der Elo®. Dieser entstand 1987 durch das Ehepaar Marita und Heinz Szobries aus zwei Rassen, die auf den ersten Blick nicht gerade zu harmonieren scheinen: Bobtail und Eurasier. Da man aber zunächst keinen geeigneten Eurasier – eine Mischung aus Chow-Chow, Wolfsspitz und später Samojede – zur Verfügung hatte, zog man erst einmal einen Chow-Chow zur Zucht heran. Den ursprünglichen Namen Eloschaboro verkürzte man auf Elo® (Eurasier, Bobtail, Chow-Chow). Auch Samojede und Dalmatiner durften später mitmischen. Das Zuchtziel war von Anfang an der kinderliebe, ideale Familienhund, die FCI-Anerkennung scheint nie angestrebt worden zu sein. Dies wird aber recht geschickt dadurch ausgeglichen, dass Name bzw. Rasse Markenschutz genießen. Nur wer Mitglied in der Elo®-Zucht- und Forschungsgemeinschaft (EZFG e.V.) ist und nach deren Richtlinien züchtet, darf seine Welpen auch als Elos® verkaufen. Später entstand auch der Klein-Elo®, zunächst aus Pekingese und Kleinspitz. Größere Elos® und der wenig bellfreudige Japanspitz wurden ebenfalls eingekreuzt. Dabei entstand eine etwas kleinere Version des Elo® mit bis zu 45 cm Schulterhöhe, also kein Kleinhund. Es gibt beide Größen in Rau- und in Glatthaar.

Rundum scheint die EZFG gut organisiert; in einer eigenen Datenbank werden die Hunde erfasst und auf niedrige Inzuchtkoeffizienten und Erbgesundheit über mehrere Generationen hinweg geachtet. HD- und ED-Röntgen und Patella-Untersuchung sind für Zuchthunde ebenso vorgeschrieben wie eine alle zwei Jahre bei einem Facharzt vorgenommene Augenuntersuchung. In der EZFG-DNA-Blutdatenbank muss für jeden Zuchthund eine Blutprobe hinterlegt werden. Hier hat man sich also selbst hohe Ziele gesteckt, um die Rasse gesund zu halten. Krankheitsstatistiken, HD-Auswertungen und Wurfzahlen sind transparent öffentlich aufgelistet und die Preisempfehlung des EZFG erscheint mit 1300 € bis 1500 € für einen Welpen nicht überzogen. Durch den Markenschutz hat man eben auch einen gewissen Einfluss darauf, dass der Elo nicht einfach von Vermehrern „kopiert" wird: In den einschlägigen Internetportalen findet man höchstens Elo®-Mix-Rüden, deren Besitzer sie als Deckrüden anbieten.

Da der Elo® als „kindergeeigneter Familienhund" gedacht ist, ist ein speziell entwickelter Wesenstest ebenfalls Voraussetzung für die Zucht. Gelassenheit und Verträglichkeit mit Mensch und Tier stehen hier im Vordergrund, schließlich versprechen die erwünschten Merkmale einen robusten, belastbaren und freundlichen Familienhund, der nicht jagt, kaum bellt, keine Ressourcen verteidigt, problemlos allein bleibt, früh stubenrein wird u. v. m. Kurz, bei der Aufzählung der erwünschten Wesensmerkmale kann man tatsächlich ein wenig ins Träumen kommen. Und hierin liegt für mich die Krux des Elo®: Ein robustes Nervenkostüm und geringes Interesse zu jagen lassen sich zweifelsohne von Generation zu Generation selektieren. Wie man aber frühe Stubenreinheit, ein „vorhandendes Sättigungsgefühl" oder gar „angemessene Begrüßung vertrauter Menschen mit keiner bis geringer Neigung zum Anspringen oder Freudengebell" herauszüchten will, erschließt sich mir nicht. Die EZFG suggeriert auf ihrer Seite zumindest, dass diese und weitere Eigenschaften „dem Elo® nicht durch Abrichtung oder Erziehung vermittelt" werden, sondern „zu seinem überwiegend angeborenen Verhaltensmuster" gehören. Ob der Welpeninteressent den kleinen Nachsatz: „Dennoch wird eine gewisse Erziehung notwendig sein", überhaupt noch wahrnimmt, sei dahingestellt.

Doch auch in diesem Paradies gab es 2016 wohl Ärger: Einige Züchter hatten eine „andere, aber gemeinsame Vorstellung" von der Zucht des Elo®. Die Bedeutung dieses Satzes ist zwar enigmatisch, Fakt ist, dass daraus der „Chebo" entstand, der im Prinzip eine Fortführung des Elo® unter anderem Namen ist, da der Name Elo® ja unter Markenschutz steht. So entstand die ERU Canis Gemeinschaft e.V., die den Chebo (Chow, Eurasier, Bobtail) als – Sie ahnen es – „alltagstauglichen Familienbegleithund" züchten möchte, bei dem die Gesundheit im Vordergrund steht. Wer dieses anspruchsvolle Ziel mit einem recht begrenzten Genpool durchsetzen will, sollte aus den Erfahrungen anderer Rassen, wie den eingangs genannten Kromfohrländern, lernen.

Fazit

Abschließend lässt sich sagen, dass in unserer Zeit der Wunsch nach einem unkomplizierten, verträglichen Familienhund vorherrscht. Er sollte wenig bis keine Erziehung benötigen, kaum bellen, problemlos allein bleiben, nicht jagen und sich nahtlos ins Alltagsleben einfügen. Ein ansprechendes, außergewöhnliches oder anpassungsfähiges Äußeres (verschiedene Größen, verschiedene Fellstrukturen) bestimmen dann, welcher Hund letztendlich diese Bedingungen erfüllen darf. Dieser Wunsch ist an sich zwar nachvollziehbar, doch leider bestimmen immer noch Aufzucht und Erziehung zum Großteil, wo die Reise hingeht. So wenig, wie sich die Genetik zu 100 Prozent „wegerziehen" lässt, so wenig bestimmt die Genetik allein, welches erwünschte oder unerwünschte Verhalten der Hund später lernt und perfektioniert. Der Wunsch von Zuchtgemeinschaften, eine möglichst gesunde, wesensfeste Rasse zu erschaffen, ist löblich, kann aber allein aufgrund der reduzierten genetischen Vielfalt zum Scheitern verurteilt sein.

Davon abzugrenzen sind meiner Meinung nach Verpaarungen, die allein das Aufpeppen einer Rasse durch eine neue Farbe zum Ziel haben oder Mischlinge als Designerdogs mit lustigen Namen zu produzieren und zu Fantasiepreisen verkaufen. Vielleicht bietet der Malipoo (Malteser x Pudel), Puggle (Mops x Beagle) oder Pomsky (Pomeranian x Husky) interessanteren Gesprächsstoff als der Mischling von nebenan, ich kann dabei aber nicht umhin, an den Autohersteller zu denken, der mit dem Slogan wirbt: „... das Statussymbol für alle, die kein Statussymbol brauchen." So süß diese Hunde auch sein mögen und so begeistert jeder Labradoodle-Besitzer von seinem Herz auf vier Pfoten ist: Man sollte zumindest immer genau hinsehen, wen man dabei unterstützt. Ein Rat, der natürlich auch für Rassehunde gelten sollte.

PETRA **BALAI ...**

... M.A. der Linguistik und Studienrätin für Deutsch und Englisch, betreibt seit 1999 Hundesport. Seit Anfang 2013 ist sie zertifizierte Blauerhund®-Trainerin und hat bereits mehrere Artikel für SitzPlatzFuss verfasst. Petra Balai engagiert sich für die rumänische Organisation Asociatia Homeless, die in Bukarest versucht, die Hilfe für Straßenkinder und Straßenhunde miteinander zu verbinden. EineReportage über die Asociatia ist in der SPF Ausgabe 19 erschienen und auf der SPF-Webseite verfügbar.

www.asohomeless.com

Ella entspannt während der Behandlung durch Lisa Margraf völlig und schläft einfach ein. (Foto: M. Franck)

DIE KRAFT DER HÄNDE

Behutsam wird der Körper des Border-Collie-Welpen Ella abgetastet. Wenige Berührungen reichen aus und die kleine Hündin legt sich auf die Seite. Sie schließt die Augen und genießt die sanften Griffe. Vor fünf Wochen ist sie per Kaiserschnitt zur Welt gekommen. Sie scheint zwar quickfidel zu sein, dennoch möchten ihre Züchter auf Nummer sicher gehen und ihre Welpen vor der Abgabe zum osteopathischen Check-up vorstellen.

VON LISA MARGRAF

Zuerst wird Ellas Bauchraum abgetastet und die Funktion des Zwerchfells und der Organe überprüft. Danach werden ihre Beinchen, dann Rücken, Hals und Kopf befühlt. Oft lassen sich Symptome für den Laien zunächst nicht erkennen, weil sie nicht deutlich sicht- oder spürbar sind. Aufmerksam und fasziniert zugleich beobachtet die Züchterin, wie der Welpe still daliegt und langsam einschläft.
Einige Züchter wissen um die Wirkung der Osteopathie. Die ganzheitliche Therapieform behandelt ohne Medikamente und kann Dysbalancen im Körper korrigieren – einzig durch die Kraft der Hände. Daher eignet sich diese Methodik nicht nur für erwachsene Hunde, sondern vor allem für Welpen sehr gut. Durch sanfte Techniken werden bei einer osteopathischen Behandlung die körpereigenen Selbstheilungskräfte genutzt, um beispielsweise funktionelle Beschwerden, für die es oft gar keine klaren körperlichen Befunde gibt, zu lösen.

Was ist Osteopathie?

Die Osteopathie basiert auf der Lehre des amerikanischen Arztes Andrew Taylor Still (1828–1917) und betrachtet den Körper als ein Ganzes. Alle seine Strukturen – Knochen, Gelenke, Gewebe oder Organe – sind im Idealfall harmonisch miteinander vernetzt und in ständiger Bewegung. Ist das Zusammenspiel oder der Bewegungsfluss an einer Stelle gestört, hat das Auswirkungen auf den Rest des Körpers. Krankheiten oder Symptome werden aber nicht im eigentlichen Sinne behandelt, sondern vielmehr deren Ursachen. Die Lehre wird mittlerweile in vier Bereiche unterteilt: die parietale, craniosacrale, fasziale und viszerale Osteopathie, die jeweils den Bewegungsapparat, den Schädel und das zentrale Nervensystem, die Faszien sowie die inneren Organe fokussieren. Während einer Behandlung wird diese Unterteilung allerdings nicht vorgenommen, der Patient wird stets in seiner Gesamtheit betrachtet. Osteopathen nehmen allein über ihre Hände kleinste Gewebespannungen und Bewegungseinschränkungen der Strukturen wahr. Grundlage sind genaue Kenntnisse der Physiologie, Biochemie, Biomechanik und Anatomie. Durch gezielte manuelle Grifftechniken versucht der Osteopath, die betroffenen Strukturen zu mobilisieren und so Blockaden und Dysbalancen zu lösen.

Pränatale und perinatale Strukturveränderungen

Sehr häufig bestehen bei Welpen und Junghunden bereits Strukturauffälligkeiten. Ausgelöst werden sie durch die Schwangerschaft (pränatal) oder die Geburt an sich (perinatal).
Schon während der Schwangerschaft der Hündin gibt es verschiedene Einflüsse, die sich auf die Entwicklung der Welpen auswirken können: der Schwangerschaftsverlauf und die Umstände der Geburt sind nicht zu unterschätzen. Vorgeburtliche Blockaden entstehen z.B. durch eine ungünstige Lage und Haltung im Mutterleib. Besonders betroffen sind große Würfe, da hier enormer Platzmangel herrschen kann, und im Verhältnis sehr große Welpen. Hier wirkt eine enorme Belastung vor allem auf die Wirbelsäule, die Beckenknochen und die Gliedmaßen der kleinen Hunde. Aber auch die Strapazen während der Geburt können Verspannungen bilden und Blockaden verursachen. Denn die Reise ins Leben ist für unsere Welpen im wahrsten Sinne des Wortes mühevolle Körperarbeit, fördert aber zugleich lebenswichtige Reifungsprozesse.
Während der Geburt entstehen starke physikalische Kräfte auf der Ebene der Knochen, Membranen, Bänder, Faszien und der Muskulatur. Auch wenn die Geburt ein natürlicher Prozess für die Hündin und ihre Welpen ist, kann selbst ein augenscheinlich problemfreier Ablauf tiefgreifende Spuren auf den Strukturen hinterlassen.
Die Schädelknochen von Welpen sind bei der Geburt noch nicht verknöchert, sondern sehr weich und formbar. Nur so passt der Kopf bei einer natürlichen Geburt durch den relativ schmalen Geburtskanal. Dafür sind die Schädelknochen in sich flexibel und können sich durch Knorpelfugen gegeneinander verschieben. Während der Geburt wirken verschiedene Kompressions- und Zugkräfte auf den Welpen: Einerseits schieben die Wehen, andererseits lenkt der Geburtskanal. Idealerweise kommt der Welpe Kopf voran in der sogenannten Vorderendlage zur Welt. Dabei drückt der Schädel gegen die Beckenknochen der Mutterhündin, was zu einer Adaptation, also einer Anpassung des Schädels an die Gegebenheiten führt. In einigen Fällen schafft es der kleine Körper, innerhalb weniger Tage sich selbst zu regulieren. Er hat damit allerdings Probleme, wenn zu starke Stauchungsmechanismen eingewirkt haben. Die Folgen äußern sich z.B. in Beeinträchtigungen des craniosacralen Systems (Verbindung zwischen Schädel und Kreuzbein),

Ellas Bauchraum wird abgetastet, doch sie verschläft die Behandlung. (Foto: M. Franck)

Mit sanften Berührungen lassen sich Dysbalancen im Körper korrigieren. (Foto: M. Franck)

Körper- und Schädelasymmetrien und Fehlstellungen des Schädels, des Bisses, der Wirbelsäule oder des Beckens. Werden diese Funktionsstörungen nicht korrigiert, so manifestieren beziehungsweise verstärken sich diese innerhalb des Körperwachstums. Es ist z.B. nicht unüblich, dass sich die Schädelknochen während der Geburt mehrere Millimeter übereinanderschieben und zusätzlich der Hals in eine Richtung überdehnt wird. Eine besondere Bedeutung am Schädel kommt dabei den beiden Schläfenbeinen (Os temporale) und dem Hinterhauptbein (Os occipitale) zu. Diese drei Knochen treffen in der Nähe der Schädelbasis zusammen. An ihrer Verbindungsstelle befinden sich verschiedene Schädellöcher, durch die Blutgefäße und Nerven hindurchtreten. Asymmetrien oder Kompressionen können zum einen diese Löcher in ihrer Lage verändern und so Nerven und Gefäße einengen. Zum anderen bedingen sie häufig verstärkten Zug im Kopf- und Halsbereich und nehmen damit Einfluss auf die schmerzempfindliche äußerste Hirnhaut (Dura Mater) und die Hirnflüssigkeit (Liquor). Der Liquor ist für die Entwicklung, Funktionsfähigkeit und das Wachstum des Gehirns notwendig. Er leitet unter anderem wichtige Nährstoffe zum Gehirn und an die Nerven weiter und hat auf den gesamten Organismus Einfluss. Entstehend in den Hirnkammern pulsiert der Liquor durchgängig in einer bestimmten Frequenz und Ausdruckskraft. Dieser Flüssigkeitsstrom zirkuliert normalerweise durch den Schädel und Organismus, um seine Funktionen auszuüben. Besteht jedoch eine Asymmetrie innerhalb des Schädels und des weiteren Körpers, verändert sich der Rhythmus, der den Organismus dann fehlsteuert.

Weitere Anteile des Nervensystems oder einzelne Nerven können durch die verschobenen Schädelplatten irritiert und in ihrer Funktion gestört werden, was zu Dysbalancen an Muskeln und Organen führen kann. Welpen reagieren dann meist unter anderem mit Störungen im vegetativen System, wie Erbrechen, Blähungen, Saugstörungen, Verstopfungen, Unruhe, Schlafstörungen, Haltungsauffälligkeiten oder mit Problemen in der motorischen Entwicklung. Andere Äußerungen, wie Entwicklungsstörungen, Infektanfälligkeiten, Koordinationsprobleme,
Verhaltensauffälligkeiten, Konzentrationsstörungen oder Hyperaktivität zeigen sich meist erst später.
Auch die Schultern, der Rumpf und das Becken müssen während der Geburt durch den relativ engen Geburtskanal und die kleine Öffnung hindurch. Das führt zu extremen Belastungen innerhalb der Knochen, Gelenke, Muskeln und Bindegewebshüllen. Teilweise muss dabei auch der Züchter oder der Tierarzt mithelfen und am Kopf oder den Schultern ziehen. Durch die immensen Kräfte, die sowohl ohne als auch mit dem menschlichen Eingreifen freigesetzt werden, können Blockaden in den Rippen oder den Gelenken der Wirbelsäule entstehen. Diese Blockaden führen bei Nichtbehandlung zum einen zu Fehlbelastungen und können neurologische Defizite verursachen und zum anderen auch das mit dem Stützapparat verbundene Organsystem beeinträchtigen. Gelenkblockaden können somit auch ursächlich für Verdauungsprobleme, Bauchschmerzen oder Inkontinenz sein und die Funktionen des Atemsystems, des Herzens, der Leber etc. beeinflussen.

Kaiserschnitt

Die Auswirkungen auf die Welpen nach einem Kaiserschnitt sind oft sehr unterschiedlich. Je nachdem, aus welchem Grund ein Kaiserschnitt notwendig ist, gibt es unterschiedliche Reaktionen der Welpen. Dies ist auch völlig logisch nachvollziehbar. Natürlich ist entscheidend, wie stressig die Situation für die Mutterhündin, die Welpen und auch für den Tierarzt, die Tierarzthelfer und den Züchter ist. Werden die Welpen beispielsweise aufgrund einer lebensbedrohlichen Situation nahezu „herausgerissen", wird das Nervensystem der Welpen stark belastet. Die Folgen reichen von zu stark komprimierten Schädelnähten bis hin zu Bewegungseinschränkungen der Gliedmaßen und Wirbelsäule.
Durch diese Beeinträchtigungen verändern sich vor allem auch die faszialen Züge auf das Zwerchfell (abdominales Diaphragma) und setzen es unter starke Spannung.
Das abdominale Diaphragma ist der zentrale Atemmuskel und dient unter anderem als Aufhängung der Bauchorgane, steht mit der Lendenwirbelsäule, dem Herz und der Lunge in Verbindung und fungiert als Pufferzone im Körper. Im Zusammenhang damit können entsprechend vielfältige Dysfunktionen entstehen, die sich beispielsweise in Husten, Atemstörungen, Schluckstörungen, Verdauungsproblemen, Lymphabflussstörungen, Verspannungen in der Wirbelsäule und Schmerzen im Übergang vom Hals zur Brust (cervicothorakaler Übergang) äußern können. Jedem Kaiserschnittwelpen fehlt aus osteopathischer Sichtweise der Weg durch den natürlichen Geburtskanal und damit ein wichtiger Schritt ins Leben. Hier sollte der Osteopath vor allem den craniosacralen Rhythmus kontrollieren und in Gang bringen sowie mögliche Blockaden beheben.

Die Mutterhündin

Nach der Geburt brauchen die Welpen eine ausgeglichene, beschwerdefreie Mutter, die sich den erhöhten Anforderungen des Mutterdaseins stellen kann.
Innerhalb der osteopathischen Behandlung der Welpen ist es daher durchaus sinnvoll, die Mutterhündin durchchecken zu lassen, um ihre körperlichen Veränderungen zu begleiten, die Beckenbodenstabilität und die Rückbildung des Gewebes zu fördern sowie die Erholung von den Belastungen durch Schwangerschaft und Geburt zu unterstützen. Die sanften Techniken fördern dabei zum einen die Durchblutung, wodurch die gesamte Regeneration des Körpers unterstützt wird.
Zum anderen können Schiefstände im Körper, die beispielsweise durch das Pressen verursacht wurden, zeitnah behoben werden. Sollte ein Kaiserschnitt notwendig gewesen sein, zeigen die Hündinnen in erster Linie Empfindlichkeiten im Narben- oder Rückenbereich. Der fasziale Zug des Gewebes wird durch den medizinisch notwendigen Eingriff beeinflusst und verstärkt, sodass er sich auf jegliche Körperregionen auswirken kann. Beschwerden der Mutterhündin können daher auch abseits der eigentlichen Narbe auftreten.
Weitgehende Folgen sind unter anderem Verdauungsbeschwerden, eine mögliche Verklebung des innen liegenden Gewebes und über längere Zeit betrachtet auch Beschwerden im Bereich des Kreuzdarmbeingelenks

(Iliosacralgelenk – ISG). Generell spielt das ISG bei der Geburt eine nicht zu unterschätzende Rolle. Es verbindet das Darmbein (Os ilium) mit dem Kreuzbein (Os sacrum) und steht somit auch in Verbindung mit der Wirbelsäule, dem gesamten Becken und der Hüfte. Bereits während der Schwangerschaft lockern sich unter anderem durch hormonelle Einflüsse die entsprechenden Bänder und das Bindegewebe und machen das Gelenk somit beweglicher. Dadurch kann es während der Geburt weichen und ein wenig mehr Raum schaffen, um den Welpen den Eintritt in das Becken zu ermöglichen. Können die Bänder und das Bindegewebe aufgrund mangelnder Elastizität und Kraftverlust das ISG nicht mehr ausreichend festigen, kann es zu einer Instabilität kommen. Die beiden Gelenkpartner finden somit in ihrer Position nicht mehr korrekt zueinander und eine schmerzhafte ISG-Blockade kann entstehen.

Welcher Welpe sollte zum Osteopathen?

Ein vorbeugender Check-up in den ersten Wochen nach der Geburt ist für jeden Welpen empfehlenswert. Nicht jede Störung macht sich sofort bemerkbar.

Manche verkörperlichen sich erst im Laufe des Wachstums oder im erwachsenen Alter und sind dann schwer therapierbar. Je früher Funktionsstörungen oder Blockaden erkannt werden, desto leichter kann man sie korrigieren und so unter Umständen späteren Entwicklungsstörungen vorbeugen. Vor allem Welpen und junge Hunde reagieren recht schnell auf die sanften Impulse und benötigen je nach Problematik nur wenige Behandlungen.

LISA **MARGRAF …**

… ist Hundephysiotherapeutin und Krankengymnastin nach Wosslick© sowie Hundeosteopathin nach Wosslick© und Ernährungsberaterin für Hunde und Katzen nach Swanie Simon. Sie ist als Hundetrainerin nach §11 zertifiziert und betreibt mit ihren eigenen Hunden erfolgreich mehrere Sportarten, allen voran Agility. In ihrer mobilen Praxis bietet sie Hundehaltern ein ganzheitliches Angebot aus physio- und osteotherapeutischen Leistungen, Ernährungsberatung, Mykotherapie und Training. Lisa Margraf gibt Seminare und Workshops und ist immer wieder als Fachautorin für Magazine und Bücher tätig.

www.lisamargraf.de

Die Grenzen der Osteopathie

Die Osteopathie versteht sich als Ergänzung zur Schulmedizin. Als ganzheitliche Methode kennt sie ein breites Behandlungsspektrum, hat aber auch klare Grenzen: Ist eine Struktur irreversibel zerstört, kann auch ein Osteopath diesen Prozess nicht mehr rückgängig machen. Dennoch können in diesem Fall osteopathische Behandlungen schmerzlindernd oder beweglichkeitsverbessernd wirken.

„WIR WISSEN NOCH SO WENIG ÜBER HUNDE“

Seit rund 15 Jahren beschäftigt sich der Zoologe und Evolutionsbiologe Prof. Dr. Martin S. Fischer intensiv mit der Fortbewegung von Hunden. Seine Bewegungsstudien, die er mit seinem Team an der Friedrich-Schiller-Universität in Jena durchführt, haben maßgeblich dazu beigetragen, die Sichtweise auf das Gangwerk der Hunde zu verändern. Mit Claudia Hötzendorfer sprach Martin S. Fischer über seine „Jenaer Bewegungsstudie“, Welpen, Erbkrankheiten sowie Zucht und ihre ethischen Grenzen.

CLAUDIA HÖTZENDORFER IM GESPRÄCH MIT PROF. DR. MARTIN S. FISCHER

Sie haben für Ihre Bewegungsstudie eng mit dem Verband Deutsches Hundewesen (VDH) zusammengearbeitet. Wie hat der Verband auf Ihre Ergebnisse reagiert?

Wir alle, ich schließe mich ausdrücklich dabei mit ein, waren überrascht von den Ergebnissen. Denn wir waren angetreten, um rassetypische Fortbewegung zu zeigen, von der auch alle überzeugt waren. Wir wollten herausbekommen, ob Rasseunterschiede oder die Größe dominieren. Um das Ergebnis der Studie zu verstehen, müssen wir uns zunächst auf die Sichtachse einigen. Vergleicht man Hunde von der Seite aus

(Foto: shutterstock.com /at.rma)

gesehen, laufen sie alle gleich verschieden. Verändern wir die Sichtachse, erhalten wir andere Ergebnisse. Ein Whippet, der auf Sie zuläuft, ist schmalspurig, während eine Französische Bulldogge, die auf Sie zuläuft, breitspurig unterwegs ist. Erstaunlicherweise lassen sich aber keine Rasseunterschiede erkennen. Wenn wir die Aufnahmen der Bewegungsstudie vergleichen, die nur aus Punktwolken bestehen (A. d. R.: Die teilnehmenden Hunde bekamen Elektroden angeheftet, die später auf dem Bildschirm diese Punkte ergaben.), könnte man daran keine Rasse festmachen. Vielmehr würden wir sagen, das ist der schmale oder der breite Typ. Beim schmalen Typ kann es sich um Windhundartige genauso handeln, wie um einen wolfsähnlichen Typus. Während bei den breitspurigen auch nicht die Körpergröße entscheidend ist, sondern die Rumpfform. So sehen die Hunde von der Seite her alle gleich aus, aber wenn man von vorn oder von hinten daraufschaut, sind Unterschiede erkennbar. In den letzten Jahren haben wir uns auf vier Rassen konzentriert: die Französische Bulldogge, den Malinois, den Whippet und den Beagle, um genau diese Unterschiede herauszuarbeiten.

Mit Ausnahme der Französischen Bulldogge und des Beagles haben Sie für Ihre Studie aber vor allem mittelgroße bis größere Hunde beobachtet.

Das stimmt. Da unsere Studienergebnisse vor allem von der Form des Brustkorbs abhingen und der breiten bzw. schmalen Spur, dachten wir, dass Beagle und Französische Bulldogge ausreichen. Die sind auch vergleichbar in der Größe.

Die 32 verschiedenen Rassen, die Sie für die Studie herangezogen haben, sind durchweg hochbeinig. Was ist denn mit den tiefergelegten Kollegen, wie zum Beispiel Dackel, Corgi oder Basset? Da müsste sich doch eigentlich ein anderes Gangbild ergeben? Von raumausgreifenden Schrittlängen kann bei ihnen nicht die Rede sein, oder?

Da gebe ich Ihnen recht. Sie geben sich zwar redlich Mühe, aber weite Schrittlängen haben sie nicht. Um die Wahrheit zu sagen, sind diese Rassen bislang noch nicht in unserem Fokus gewesen. Obwohl wir beispielsweise Dackel untersucht haben. Wir haben nicht nur Daten erhoben über die Bewegung am Körper entlang, sondern auch über Schrittlänge und -breite. Dabei haben wir allerdings festgestellt, dass sie über verdrehte Gliedmaßen verfügen. Das führt zu anderen Bewegungsabläufen bei den kurzbeinigen Rassen, die man so noch nicht untersucht hat. Was aber in Vorbereitung ist.

Damit wären wir bei den ganz Kleinen angekommen. Inzwischen gibt es ja nicht nur Chihuahuas und Pinscher in dieser Kategorie der Minis. Leider kommen gerade sogenannte Teacup-Dogs in Mode, Hunde, die nicht unwesentlich größer als eine Teetasse sein sollen. Sträuben sich Ihnen dabei nicht die Haare, wenn Sie sehen, wie der Mensch in die Natur eingreift?

Zum Chihuahua kann ich sagen, dass er – nach dem, was wir bisher wissen – ein ganz normales Gangbild zeigt. Im Englischen gibt es den Begriff des Scaling, der verwendet wird, wenn es prinzipiell um die größengleiche Vergrößerung und Verkleinerung geht. Das bedeutet aber auch, dass alle Parameter gleich bleiben müssen. Nehmen wir an, Sie haben eine Aufnahme von einem Wolf und verkleinern sie durch Zoom so, dass Sie die Aufnahme eines Chihuahuas darüber projizieren können. Sie werden feststellen, dass die Proportionen innerhalb des Beins ganz ähnlich sind, denn es handelt sich dabei nur um eine maßgetreue Verkleinerung oder Vergrößerung.

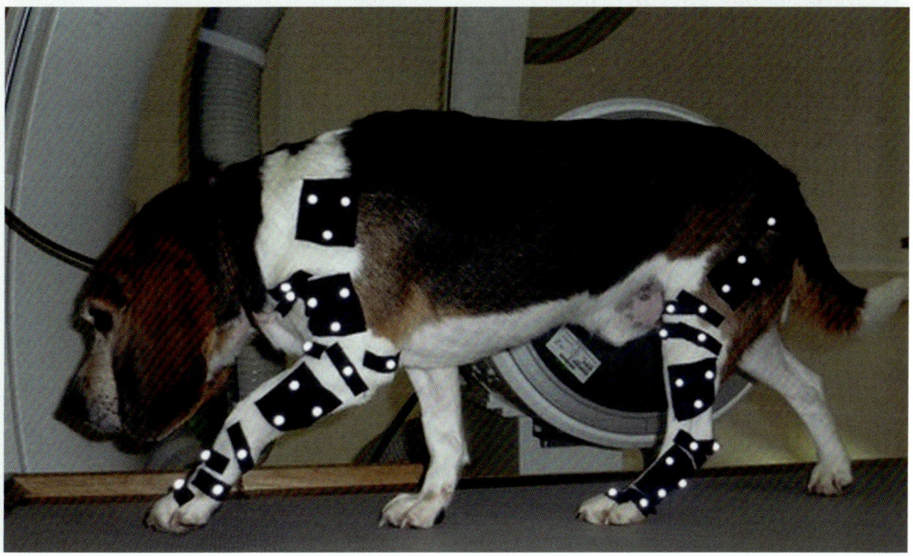

Im Rahmen der Jenaer Bewegungsstudie wurden hunderte Hunde kinematisch untersucht. (Foto: Archiv Fischer)

Bei den Teacup-Dogs, die Sie angesprochen haben, handelt es sich um sogenannte chondrodystrophe Tiere, die auf eine Wachstumserkrankung hin selektiert werden. Zwergwuchs ist eine Wachstumserkrankung. Es gibt verschiedene Ausformungen wie die Chondrodystrophie (Knorpelwachstumsstörung) und A-Chondrodysplasie (Verkürzung der Beine). Diese Wachstumserkrankungen wurden genutzt, um Rassen zu kreieren. Man hat mit diesen veränderten krummen Beinen, die in sich auch etwas verdreht sind, ganz bewusst gezüchtet, und dass die Hunde damit anders laufen als ihre normalwüchsigen Artgenossen, ist nur logisch. Würden diese verdrehten Gliedmaßen beispielsweise bei einem Chihuahua oder einem Pinscher auftreten, würde man von einer Verkümmerung sprechen. Es ist paradox, aber bei der einen Rasse ist es der Standard und bei der anderen eine Wachstumserkrankung. Die tritt normalerweise spontan auf, übrigens auch beim Menschen und bei vielen anderen Säugetieren. Züchterisch wird das immer wieder genutzt, ebenso bei Pferden oder Katzen.

Damit haben wir die Brücke zum Stichwort Rassedisposition (die Veranlagung bestimmter Erkrankungen). Wo sehen Sie die größten Probleme, wenn es um den Bewegungsapparat geht? Ich denke da z.B. an Hüftgelenksdysplasie (HD).
Man würde diese Erkrankungen in der Natur wahrscheinlich auch finden, aber sie würden sich dort nicht durchsetzen. Es ist zwar nicht so, dass ein Tier damit keine Überlebenschance hätte, doch würde sich daraufhin keine Population komplett verändern. Ich möchte die Gelegenheit nutzen, um mit einem weitverbreiteten Irrtum aufzuräumen. Schäferhunde der Showlinie mit abfallender Kruppe haben keine höhere Häufigkeit einer HD als ihre Artgenossen der Arbeitslinie. So ist mein derzeitiger Wissensstand, basierend auf Forschungen bis 2017/2018. Es ist nicht so, dass die Showlinie der Schäferhunde nur auf Verkrüppelung gezüchtet wurde. Die abfallende Kruppe ist eine Folge der Verlängerung der Schrittlänge der Hinterhand. Wenn man längere Schritte hinten haben will, muss die Kruppe abfallen, damit der Eindruck eines verlängerten Schritts entsteht.

Verändert sich dadurch nicht die Haltung und werden dabei die Gelenke der Hinterhand nicht mehr belastet?
Mit heutigem Wissensstand kann ich das nicht bestätigen. Nicht umsonst wurden diese Hunde zum Beispiel im Schutzdienst eingesetzt. Was allerdings nachgewiesen ist: Schäferhunde aus Showlinien verlieren im Vergleich zu Artgenossen aus Arbeitslinien an Wendigkeit und Ausdauerfähigkeit. Denn tatsächlich ist das Laufen mit einer so tiefen Hüfte anstrengender als mit einer hohen Hüfte.

Aber dann ist es doch denkbar, dass dies zu Spätschäden führen kann.
Natürlich pendelt ein Bein mit hoher Hüfte einfacher als bei einer tief angesetzten Hüfte. Aber niemand testet eine Showlinie auf Ausdauer und läuft mit einem solchen Hund 30 oder 40 Kilometer oder lässt ihn Schafe hüten. Diese Hunde werden in ihrer Ausdauerfähigkeit nur annähernd an ihre Grenzen gebracht und deshalb geht es einem Schäferhund der Showlinie zu-

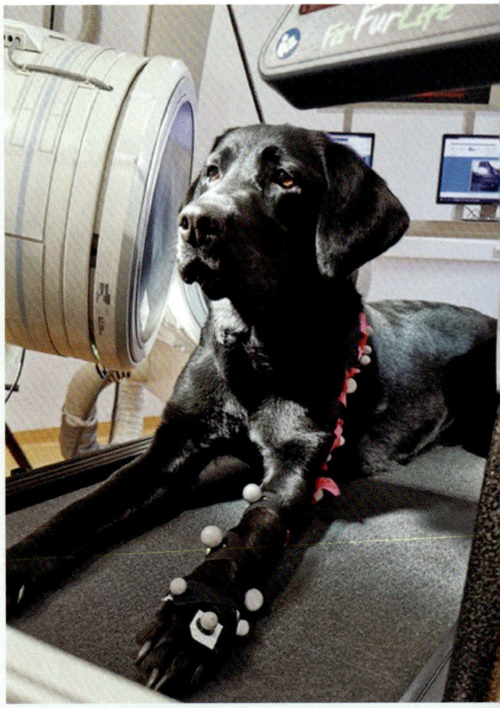

Die Forschung zur Hundebewegung bietet noch viele spannende Fragestellungen. (Foto: Archiv Fischer)

nächst einmal gut. Was aber nicht heißt, dass es nicht immer wieder Erkrankungen im Becken und den unteren Lendenwirbeln gibt. Man hört auch von einer Häufigkeit von Bandscheibenproblemen. Solche Ergebnisse sind allerdings mit Vorsicht zu bewerten, weil man in entsprechenden Studien nur die Tiere untersucht hat, die diese Beschwerden hatten, und eben nicht eine gleich große Anzahl von Hunden anderer Linien.

Spielen bei einer solchen Studie nicht auch die Lebensumstände der Tiere eine Rolle, um wirklich verifizierbare Daten erheben zu können? Wie aussagekräftig kann die Forschung in diesem Bereich sein?
Ganz allgemein gesprochen, sind solche Studien immer schwierig. Wenn es Häufigkeiten bestimmter Erkrankungen gibt, versucht man immer im Rückblick zu verstehen, wie es dazu kommen konnte. Das heißt, ich habe eine bestimmte Anzahl Fälle und versuche im Prinzip das, was man Prädis-

position nennt, in der Rückschau zu bestimmen, ob eine Erkrankung genetisch bedingt wird und nicht durch die Haltung des Hundes kommt.

Wie ist es denn beispielsweise mit HD, einer Erkrankung, die in mehreren Rassen häufiger vorkommt?
Die strengste HD-Kontrolle weltweit findet man beim Schäferhund. Die ist vor 40 oder 50 Jahren eingeführt worden und die Vereine sind da sehr streng. Natürlich gibt es auch dort schwarze Schafe, das muss man leider sagen. Auch Hovawart-Züchter sind dabei, darauf zu achten. Das Schlimmste für eine Hunderasse ist, wenn sie in Mode kommt. Denn dann werden hohe Stückzahlen produziert. Ich meine das nicht despektierlich und bitte das auch nicht misszuverstehen. Ich verwende bewusst dafür einen industriellen Begriff. Wenn die Nachfrage entsprechend groß ist, wird die Produktion gesteigert. In dem Moment, da hohe Stückzahlen produziert werden, ist auch die Fehlerquote höher. Für Modehunde bedeutet das, es wird nicht mehr gezüchtet, sondern produziert. Entsprechende Beispiele finden wir beim Mops und der Französischen Bulldogge. Nur zehn Prozent dieser Hunde auf dem Markt stammen aus VDH-Zuchten. Das heißt, 90 Prozent der Tiere werden irgendwie irgendwo gezüchtet, oder man sollte wohl besser sagen reproduziert. Das ist ein sehr großes Problem. Die größten Anstrengungen, die Zuchtvereine unternehmen, um Krankheiten zu bekämpfen, werden so ausgebremst. Gute Züchter investieren viel Geld in genetische und orthopädische Untersuchungen. Kauft jemand zum Beispiel einen Labrador aus dem Internet, von einem privaten Züchter oder, noch schlimmer, von dubiosen Händlern, dann weiß er nicht, ob das Tier gesundheitlich gecheckt und zum Beispiel auf HD geprüft wurde. Ich persönlich würde nie von einem nicht zertifizierten Züchter einen Rassehund erwerben. Weil ich mich darauf verlasse, dass dieser, sofern er tatsächlich zertifiziert ist, die Sorgfalt und die Verantwortung für diese Rasse ernst nimmt.

Nun ist aber gerade der VDH auch ein Verband, der bei bestimmten Rassen Standards zulässt, die alles andere als gesund sind. Sie zeigen in Ihren Seminaren, wie abgeflachte Nasen die Atmung erschweren und durch Zucht veränderte Schädelformen, wie beispielswiese bei Spaniels, wieder andere Probleme hervorbringen. Andererseits werden Züchtern, die sich für die Rückführung einer Rasse auf ein gesünderes Maß – wie zum Beispiel die Continental Bulldogs – so hohe Auflagen gemacht, dass man sich fragt, wieso sich ein Verband gegen gesunde Tiere sperrt.
Auf mein Betreiben hin wurden die Continental Bulldogs zugelassen. Ich sitze im wissenschaftlichen Beirat des VDH und erfuhr von der Problematik durch Teilnehmer eines meiner Seminare. Sie berichteten, wie schwer es ihnen gemacht wird, ihre Zucht offiziell anerkannt zu bekommen. Nach einer Diskussion erhielten sie dann die Zulassung. Die English Bulldogs hingegen sind nicht mehr im VDH.
Ich bin zwar im wissenschaftlichen Beitrat, aber ich bin kein Mitglied und will den Verband auch nicht verteidigen. So bin ich mit der Ausstellungspraxis von Brachycephalen (kurzköpfige Rassen) überhaupt nicht zufrieden. Wenn jetzt hoffentlich eine gesetzliche Änderung kommt, wird sich da endlich etwas ändern.

Es wird wirklich Zeit. Aber ein Gesetzentwurf ist noch lange kein verabschiedetes Gesetz. Die Frage ist ohnehin, ob diese Zuchtschauen

Trotz seiner sehr kleinen Größe zeigt der Chihuahua ein normales Gangbild. (Foto: shutterstock.com/otsphoto)

so aussagekräftig sind. Allzu oft werden Zuchttiere wie rohe Eier behandelt und sind weit davon entfernt, ein artgerechtes Leben führen zu dürfen. Freilauf wird da ebenso unterbunden (das Tier könnte sich verletzen) wie das Spiel mit Artgenossen (aus dem gleichen Grund) oder überhaupt Kontakt zu anderen Hunden. Dann sieht man große Hunde bei Zuchtschauen, wie im Frühjahr regelmäßig in den Dortmunder Westfalenhallen, die den ganzen Tag im engen Kennel sitzen oder, noch schlimmer, auf einem Tisch hocken müssen. Für mich ist das tierschutzrelevant, und ich frage mich, wie diese sogenannten „Züchter" guten Gewissens noch davon sprechen können, ein gesundes Tier im Blick zu haben. Ich denke, auch der seelische Zustand gehört zu einem gesunden Hund, nicht nur der körperliche.

Glauben Sie mir, wir diskutieren das auch immer wieder im wissenschaftlichen Beirat und versuchen deutlich zu machen, dass es sich aus unserer Sicht vielfach um das Überschreiten der Grenze zur Qualzucht handelt. Es ist überhaupt keine Frage, dass tatsächlich im Ausstellungsgeschehen der VDH seine Glaubwürdigkeit und jahrelange hervorragende Arbeit in Bezug auf genetische Erkrankungen aufs Spiel setzt.

Haben Sie dafür ein konkretes Beispiel?

Bei der HD gehen wir beispielsweise davon aus, dass rund 30 verschiedene Gene beteiligt sind. In einer Interaktion, die wir längst noch nicht verstanden haben. Das heißt, wir haben eine Heritabilität (Vererblichkeit), die aber nicht alles erklärt. Deshalb haben Eltern, die beide einen A-Typ Hüfte haben, plötzlich einen Welpen mit D-Typ Hüfte. Obwohl beide Elternteile HD-frei waren. Die Kombinatorik von 30 Genen schafft Abermillionen Möglichkeiten. Deshalb ist diese Beherrschbarkeit nicht so, wie man sich das gerne wünscht.

Ist es allein die Genetik, die dabei eine Rolle spielt?

Wir wissen, dass die Genetik nur ein Teil der Geschichte ist. Es gibt genauso die Biomechanik, die mein Fachgebiet ist. Da wären wir dann bei der Frage, was macht Gelenkgesundheit aus? Stichworte sind hier Unterbeschäftigung, Unterversorgung, Schonen, zu wenig Bewegung, zu wenig Freilauf – all das hängt mit Erkrankungen zusammen. Es ist auch die Muskelarisierung, die dabei eine Rolle spielt. Hinzu kommen rassetypische Unterschiede.
Ein Belgier hat eine wunderbare Studie veröffentlicht. Wenn ich den sogenannten Norberg-Winkel (A. d. R.: ein beim Hund auf Röntgenaufnahmen angewandter Parameter zur Diagnose einer HD) anwende, haben alle Dobermänner und Doberfrauen HD. In diesem Fall stimmt dieser so häufig angewandte Winkel einfach nicht.
In den Lebenswissenschaften, wie der Medizin und Biologie, ist es immer so, dass man Befunde hat, die eher Schwarz belegen, und solche, die eher Weiß belegen. Das hat man sehr deutlich an den unterschiedlichen virologischen Ergebnissen und den sich anschließenden Diskussionen rund um Corona gesehen. Dann gibt es welche, die dasselbe Ergebnis eher so oder eher entgegengesetzt interpretieren. Das ist der Kern der Wissenschaft, zu wissen, dass wir im Grunde nichts wissen.

Es gibt immer wieder Diskussionen darüber, ob Welpen und Junghunde Treppen steigen sollten oder nicht. Was sagen Sie als Wissenschaftler mit den Erkenntnissen Ihrer Bewegungsstudien dazu?
Selbstverständlich trage ich meine siebzehnjährigen Kinder noch die Treppe hoch, weil ihre Wachstumsfuge noch nicht geschlossen ist. Daraus folgt die Frage, warum man Kinder nicht die Treppen hochträgt, bis sie ausgewachsen sind, Welpen aber schon? Vernachlässigen wir unsere Kinder? Was wissen wir eigentlich darüber? Tatsache ist, dass man es nicht weiß. Ich setze sogar noch eins drauf: Es kann gar keine Studie geben, mit der man daraus folgende Schäden nachweisen kann. Denn die teilnehmenden Hunde müssten davor und danach absolut identisch aufwachsen, was praktisch unmöglich ist. Die Hunde müssten auch genetisch identisch, also Klone sein. Dann wäre der einzige zu verändernde Parameter der, dass man die eine Gruppe Treppen steigen lässt, die andere nicht. In fünf Jahren wären die ersten Veränderungen sichtbar. Diese Studie ist ethisch undenkbar.
Deshalb wird es diesen Nachweis nie geben. Somit sind wir im Bereich der Meinungen. Wenn man etwas nicht weiß, darf man niemandem einen Rat geben. Man kann es nur für sich selbst entscheiden.

Gibt es denn Studien über die Entwicklung des Gangwerks, während sich ein Hund im Wachstum befindet?
Bislang gibt es keine einzige Studie, die vom Welpen bis zum Junghund die Entwicklung des Gangwerks verfolgt hätte.

Wie verhält es sich denn mit der Belastung eines Junghundes, zum Beispiel beim Joggen oder neben dem Fahrrad Herlaufen? Manche vertreten die Meinung, wenn am Fahrrad, dann besser im gleichmäßigen Trab als in einem zu hohen Tempo. Was sagt der Experte dazu?
Sie ahnen es sicher schon, wir haben dazu keine validen Erkenntnisse. Woher wollen wir wissen, was das Beste für einen Hund ist? Wir sehen, hören, riechen anders als der Hund. Wir haben einen komplett anderen Körperbau. Der Hund ist einer der besten Vierbeiner, den die Natur hervorgebracht hat. Wir sind der einzige Zweibeiner unter den Säugetieren, was verdeutlicht, dass es keine gute Konstruktion sein kann. Sonst gäbe es sie mehrfach. Gerade als Zweibeiner sollte man sich nicht so sehr über Fortbewegung äußern. Wir fallen, stürzen, schlagen der Länge nach hin. Das passiert unter den Säugetieren praktisch nie oder nur äußerst selten. Haben Sie schon einmal einen stolpernden Hund gesehen?

Abgesehen von einem kranken, alten oder pubertierenden Hund, der seine Beine noch sortieren muss, nicht.
Eben. Jetzt kommen wir also als Extremspezialisten und wollen etwas dazu sagen? Das ist in etwa so, als würde sich eine Fledermaus über das Schwimmen äußern. Kein anderes Säugetier braucht so lange, um laufen zu lernen, wie der Mensch. Selbst Schimpansen laufen schon nach wenigen Wochen, was wir nach einem Jahr noch nicht können. Es kommt sogar noch schlimmer: Wir sind also diese Extremspezialisten im langsamsten Laufenlernen. Dann können wir über eine sehr kurze Phase hinweg sehr gut gehen und vor allem rennen. Aber ab Mitte zwanzig, spätestens mit dreißig, geht diese Fähigkeit zu rennen dramatisch zurück. Die meisten Menschen rennen während ihrer Schulzeit bei Jugendwettbewerben und danach nie mehr in ihrem Leben. Und jetzt fragen Sie noch einmal, was gut für den Hund ist.

Was ist gut für den Hund?

Ich sage immer, ein Welpe hat ein absolutes Maß dafür, wie lange er sich fortbewegen will. Als wir unsere Irma im Alter von elf Wochen bekamen, haben wir sie nie gezwungen, mehr zu laufen, als sie wollte. Ich habe mich nach ihr gerichtet. War sie müde, sind wir nach Hause gegangen. Hatte ich das Gefühl, die ist noch fit, haben wir noch einen kleinen Schlenker auf dem Spaziergang gemacht. Manchmal hatte ich sie falsch eingeschätzt und sie hat sich hingelegt. Also habe ich sie zurückgetragen. Man muss nicht denken, man wüsste besser als der Hund, wie viel Bewegung er braucht.

Wenn Sie also nach einem Junghund am Fahrrad fragen, ist die Antwort schwierig, weil ich dafür kein Maß habe. Der Fahrradfahrer hat ja noch nicht einmal selbst ein Maß. Man braucht Intuition. Durch Einfühlungsvermögen müssen wir versuchen, den Hund zu verstehen. Da er uns von sich aus nicht unterrichten kann, müssen wir so kritisch und vor allem selbstkritisch sein, dass wir ehrlich zugeben: Wir wissen, dass wir ihn nicht verstehen. Aber wir versuchen es wenigstens, indem wir auf seine Signale achten.

Ein Beispiel: Sie hatten nach den Treppen gefragt. Ein Hund, der draußen unterfordert war, wird sie wahrscheinlich schneller hochlaufen als nach einer anstrengenden auspowernden Spielstunde. Da kann es sein, dass er auf dem Treppenabsatz mal eine Pause einlegt. Sie können an dem, wie er die Treppe hochgeht, absehen: War er überfordert oder hat er noch Energie? Wir müssen ihn lesen lernen, um ihn zu verstehen, und nicht schon vorher festlegen, was wir glauben, was gut für ihn ist. Was mich fuchsteufelswild macht, sind Menschen ohne jeden Verstand und Sinn für Bewegungsabläufe eines Hundes, die ihr Tier völlig überfordern. Von der Muskulatur her kann ein Hund praktisch ewig laufen. Aber nicht von seinem Herz-Kreislauf-System her. Wir sollten dafür kämpfen, dass wir weder sagen können, Treppensteigen ist gut für den Hund, noch Treppensteigen ist schlecht für ihn. Jedes Tier ist anders, hat andere Voraussetzungen und Lebensumstände.

Das bedingt eine holistische Sicht, was immer dann schwierig wird, wenn jeder nur seinen Fachbereich beackert.

Ich stimme Ihnen voll und ganz zu, wenn es um die ganzheitliche Sicht geht. Aber es braucht noch viel mehr eine Rücksicht. Auch wenn der Kommandoton in der Erziehung mittlerweile sehr verpönt ist, sind die Menschen immer noch nicht dazu in der Lage zu akzeptieren, dass sie nicht alles für den Hund entscheiden dürfen. Man kennt das Helikoptern aus der Kindererziehung. Leider ist es aber auch in der Hundeerziehung inzwischen weitverbreitet. Der Mensch glaubt immer, dem Hund müssen alle Entscheidungen abgenommen werden.

Gisela Weise konnte in einer Studie nachweisen, dass die Schnauzenbreite während des Wachstums als Erstes erreicht wird, gefolgt von der Länge der Ohren. Meine These wäre, das ist so, weil dort die Sinne sind, die für die erste Lebensphase überlebenswichtig sind.

Das könnte ein Ansatz sein. Im Schädelbereich haben bestimmte Regionen, wie die Oberschnauze, einen vom restlichen Körper unabhängigen Entwicklungsmodus. Der Mensch kann darauf Einfluss nehmen, indem er dort ins Wachstum eingreift. Die Entscheidung über die Schnauzenlänge fällt sehr früh

Ein Welpe weiß selbst am besten, wann es ihm zu viel wird. (Foto: Tierfotoagentur.de / M. Wegner)

in der Entwicklung. Das, was dahintersteckt, glauben wir seit circa sechs Jahren immer mehr zu verstehen. Ich spreche dabei von der sogenannten Neuralleistentheorie. Das heißt, dass zum Beispiel Hunde, die eine verkümmerte Schnauze haben, auch einen verkümmerten Schwanz aufweisen, sie haben außerdem Schlappohren und Wirbelsäulenprobleme etc. Denn der Mensch greift selektierend in den Entwicklungsmodus ein.

Dazu fällt mir ein Gespräch ein, das ich mit Imelda Angehrn über ihre Continental-Bulldog-Zucht geführt habe. Sie sagte, sie habe festgestellt, dass die Hündinnen ihrer English-Bulldog-Zucht weniger Probleme mit dem Gebären hatten, die über eine Rute verfügten.

Es ist immer ein gutes Zeichen, wenn der Schwanz wieder in Form einer Rute vorhanden und nicht nur eine Knospe ist. Außerdem werden die Beine immer gerader und der Hund wird immer schlanker. Das geht alles in die Richtung der Retrohunde. In Holland gibt es ein schönes Beispiel für den Mops-Hound, der auf Bildern immer mit dreifarbigen Phasen dargestellt wird. Die Schnauze ist dabei orange. Wenn ich es als Züchter schaffe, ein Tier zu haben, dessen Schnauze im orangen Bereich ist, bin ich auf dem richtigen Weg.

Wir haben ja schon kurz über die Teacup-Dogs gesprochen. Es gibt auch das andere Extrem, Doggen oder Irische Wolfshunde, die das Stockmaß eines Miniponys erreichen können. Gibt es keine von der Natur vorgegebenen Grenzen?

Je gigantischer ein Hund ist, umso schwächer ist er. Das wirkt sich wiederum auf seine Möglichkeiten der dauernden Bewegung und damit auf seine gesamte Gesundheit, seine Gelenke, das Herz etc. aus. Wir können sagen, dass wir bei den großen Rassen tatsächlich mittlerweile am Limit sind. Ich verstehe das Motiv dabei nicht, dies immer noch weiter ins Extrem verschieben zu wollen.

Gibt es Grenzen, was zum Beispiel die Stabilität eines Skeletts angeht?

Nein, nicht notwendigerweise. Weil die Tiere allesamt keiner Selektion unterliegen. Wenn Sie eine Dogge noch 20 Prozent größer machen, werden Sie deren Bedarf über eine bestimmte Form der Ernährung decken können, und der Hund wird einfach gar nicht mehr in einer Weise beansprucht, die möglicherweise problematisch werden könnte. Solange man im Prinzip genügend Energie zuführt, funktioniert auch das Wachstum.

PROF. **DR. MARTIN S. FISCHER …**

… … ist Zoologe, Evolutionsbiologe und Bewegungsforscher. Seit 1993 ist er Professor für spezielle Zoologie und Evolutionsbiologie an der Friedrich-Schiller-Universität Jena. Er ist der Begründer der modernen Fluoroskopie oder Röntgenkinematographie in Deutschland.

DRUM PRÜFE, WER SICH LANGE BINDET ... WIE SICH DER RICHT'GE WELPE FINDET!

Mit diesem Artikel möchte ich zum einen von meinen Erfahrungen mit Tierschutz- und Züchterwelpen berichten und zum anderen etwas Licht ins Dunkel der Auswahlkriterien für Züchter und Welpe bringen.

NICOLE RÖDER

So bitte nicht!

Gibt man in Suchmaschinen nur die Begriffe „Hunde" und „kaufen" ein, wird man erschlagen von Angeboten. Einige Suchergebnisse führen auch zu Reportagen, die sich mit dem Thema Welpenhandel bzw. Welpenmafia beschäftigen. Wer auf der Suche nach einem Schnäppchen ist, der sollte sich solche Reportagen unbedingt vorab zu Gemüte führen – um dann hoffentlich vom Kauf abzusehen.

Seit Corona boomt das Geschäft mit Rassewelpen im Internet, denn die Nachfrage ist ungemein hoch und kann nicht allein von seriösen Züchtern gedeckt werden. So werden beispielsweise Rassewelpen aus Osteuropa mit gefälschten Papieren unter anderem nach Deutschland gebracht, wo sie extrem gewinnbringend verscherbelt werden. Wer kann schon diesen kleinen süßen Hundekindern widerstehen? Die Machenschaften solcher Verkäufer aus Mitleid mit den Hunden zu unterstützen, ist zwar im Grundgedanken ehrenwert, leider aber absolut falsch. Denn wenn die Hunde verkauft werden, bereichern sich die Tierquäler auf Kosten der Welpen und Zuchthündinnen, die in der Regel unter schlimmsten Umständen lediglich als Gebärmaschine gehalten werden. Die Welpen sind oft krank und von einem guten Start ins Leben, mit Liebe und guter Sozialisation aufgewachsen, kann leider keine Rede sein.

Auch muss man hellhörig werden, wenn man in Anzeigen oder auf Homepages liest, dass Welpen in Sonderfarben teurer verkauft werden oder dass man sich auf spezielle Farbwünsche spezialisiert hat. Generell sollte man bei der Rasse, für die man sich interessiert, recherchieren, welche Krankheiten weitverbreitet sind und wie bestimmte Fellfarben zustande kommen. So kann man als Interessent schon vorab die richtigen Fragen zur Verpaarung stellen oder selbst eins und eins zusammenzählen. Würden mehr Welpeninteressenten sich intensiver mit Zucht, Krankheiten und dergleichen auseinandersetzen, gäbe es bei Weitem nicht so viel Tierleid in Form von kranken/beeinträchtigten Tieren als auch weniger Abgabehunde. Wenn der lieb gewonnene Welpe sich im Nachhinein als schwer oder gar unheilbar krank herausstellt, bedeutet das zugleich auch viel Leid für die neue Familie.

Als ich für diesen Artikel im Internet nach „Hundewelpen kaufen" suchte, bin ich vor Entsetzen fast vom Stuhl gefallen. Auf Verkaufsportalen und in Kleinanzeigen kann man sich vor exotischen Mischungen und reinrassigen Welpen kaum retten. Manche Anzeigen sind marketingtechnisch sehr überzeu-

Der Moment, wenn die Entscheidung für einen Welpen aus dem Wurf gefallen ist! (Foto: N. Röder)

gend und es werden Schlagworte eingesetzt, die ziehen: sanft, kinderlieb, verspielt, nicht jagend, will to please – wer will da noch mehr wissen? Aber mehr wissen wollen, das sollte jeder Welpeninteressent!

Tierschutz versus Züchter?

Als ich meinen ersten Welpen bekam, eine Border Collie Mischlingshündin aus dem Tierschutz, war mir klar, dass das ein Risiko ist. Der Welpe hatte in seinen ersten Lebenswochen kaum etwas erlebt und war entsprechend ängstlich. Zudem waren die Elterntiere unbekannt, sodass wir auch genetisch in eine ungewisse Zukunft blickten. Trotz intensiver Bemühungen ist aus diesem Welpen nie eine aufgeschlossene Hündin geworden, sondern sie blieb zeitlebens ein ängstlicher, zum Angstbeißen neigender Vierbeiner, der darüber hinaus beidseitig schwere HD hatte. Wir haben trotzdem fast 16 Jahre eine tolle Zeit gehabt, aber diese Punkte machten das Zusammenleben unnötig schwer und phasenweise sehr traurig.
Diese Erfahrung hat dafür gesorgt, dass wir als nächsten Hund einen Border Collie Welpen vom Züchter ins Auge fassten. Hierzu habe ich erst mal einige VDH-Züchter recherchiert. Homepages geben schon einen gewissen Überblick darüber, was für einen Stellenwert die Hunde bei ihrem Züchter haben. Wenn ein Wurf nach dem anderen auf die Welt purzelt und stets und ständig der eigene Deckrüde eingesetzt wird, bin ich persönlich skeptisch. Auch wenn eine Familie in ihrer Hobbyzucht eine

Besuche beim Züchter machen das Warten auf den Abgabetermin leichter. (Foto: N. Röder)

große Anzahl an Zuchthündinnen hält, sodass nicht mit jedem einzelnen Hund individuell gearbeitet wird, hält mich das von weitergehendem Interesse ab. Ebenso wenn Hündinnen ab dem Alter, in dem sie nicht mehr zur Zucht eingesetzt werden können, ihr Zuhause verlassen müssen.

Wenn der Züchter mehrere Würfe parallel hat, ist Vorsicht geboten. Wer sich mal genau anschaut, welchen Aufwand manche Züchter betreiben, um ihre Hundekinder optimal aufs Leben vorzubereiten, dem wird klar sein, dass das niemals mit mehreren Würfen zugleich geschehen kann.

Züchter kennenlernen

Selbst wenn man stark aussortiert, bleiben noch einige Züchter übrig, bei denen man ein gutes Gefühl hat. So haben wir verschiedene Züchter kontaktiert und um Termine gebeten. Wir wollten die Menschen und ihre Hunde kennenlernen und sehen, wie zum Beispiel die Mutter eines potenziellen Welpen drauf ist. Ist sie aufgeschlossen fremden Menschen und Hunden gegenüber? Wie ist der Umgang der Züchter mit den eigenen Hunden usw.? Außerdem sind zwischenmenschliche Aspekte wichtig. Finde ich zwar die Hunde toll, kann aber mit dem Züchter nichts anfangen, dann ist das für mich ein Grund, woanders hinzugehen. Schließlich kann es im Laufe eines Hundelebens immer mal zu Problemen kommen, bei denen ich gern den Rat oder die Hilfe meines Züchters hätte. Ein guter Züchter ist zeitlebens am Wohlergehen seiner Nachzucht interessiert und steht auch nach Jahren noch mit Rat und Tat zur Seite. Zudem kann es natürlich sein, dass der Züchter mich nicht mag oder sich ein sportlicheres, ehrgeizigeres oder sonst wie anderes Zuhause für seine Nachzucht vorstellt. Auch das kann vorkommen – und das ist okay so. Von den Züchtern, die wir besucht haben, fiel die Wahl eigentlich umgehend auf den, von dem wir dann letztlich den Welpen bekommen haben. Hier hat sofort alles gepasst. Wir fanden die Hunde toll, die Menschen und die angestrebte Verpaarung. So haben wir dann 18 Monate darauf gewartet, dass unser Welpe dort zur Welt kommt. In der Regel muss man zwar nicht so lange warten, aber gute Züchter haben nicht selten lange Wartelisten.

Bis zum Tag der Geburt war es für uns dennoch eine Zitterpartie: Wir wünschten uns eine Hündin und mussten warten, ob überhaupt eine dabei sein wird bzw. ob die Anzahl der Welpen und ihre Geschlechterverteilung für die Welpeninteressenten ausreichend war. Das ist natürlich einfacher, wenn man seinen Züchter erst findet, wenn die Welpen bereits auf der Welt sind und klar ist, welcher noch ein Zuhause sucht. Dies kann auch bei sehr guten Züchtern immer mal der Fall sein, weil Interessenten kurzfristig abgesprungen sind.

Welcher Welpe aus dem Wurf?

Welche Vorerfahrungen wir in Sachen Hundeerziehung und -ausbildung haben, ob und welchen Hundesport wir anvisieren, wie unsere anderen Hunde charakterlich sind, wurde bereits vorab geklärt. Die Frage im Laufe der ersten Wochen beim Züchter war nun: Ist der Welpe, den wir uns rein optisch ausgesucht hatten, auch der, der allem Anschein nach von seinen Charakterzügen zu uns passt? Hier sollte meiner Meinung nach der Züchter immer das letzte Wort haben. Denn er ist ständig mit den Welpen zusammen und kann sie in jeder Phase beobachten. So kann er auch die beste Einschätzung darüber abgeben, ob der ausgesuchte Hund das perfekte Match für den zukünftigen Menschen sein wird oder ob sein Bauchgefühl ihm zu einer anderen Konstellation rät.

Vor 15 Jahren haben wir genau den Welpen bekommen, den wir haben wollten, und es keine Sekunde bereut. Nun bin ich kürzlich wieder Welpenmutti geworden und habe mir meinen Hund nicht selbst ausgesucht. Diesmal haben meine Züchter die Auswahl übernommen, und mit dem Moment, als ich wusste, welcher Welpe unsere Familie bereichern wird, war es für mich undenkbar, dass ich mich jemals selbst hätte anders entscheiden können.

Was Züchter leisten (sollten)

Dass man als Welpeninteressent regelmäßige Updates in Form von Berichten und Fotos bekommt, ist bei vielen Züchtern gang und gäbe. Züchter, die sich intensiv mit ihrem Wurf beschäftigen und ihm vielfältige Reize bieten, leisten wahrlich viel. Sie spannen nicht selten die gesamte Familie samt Freundeskreis ein, um die Kleinen aufs Leben vorzubereiten. Mein neuer Welpe hat in der Zeit beim Züchter diverse Menschen und Tieren kennengelernt, viele Ausflüge z.B. an den Strand und auf den Abenteuerspielplatz erlebt und wurde osteopathisch durchgecheckt. All das, damit die Hundekinder den Züchter bestens geprägt verlassen und bereit sind für neue Abenteuer. Man darf nicht unterschätzen, wie viel Zeit und Energie hier aufgebracht wurden, was letztlich nicht in Geld aufzuwiegen ist.
Für mich persönlich steht fest, dass wir sowohl immer Hunde vom Züchter als auch aus dem Tierschutz haben werden. Im direkten Vergleich kann ich sagen, dass die Welpen vom Züchter mit einem solch guten Selbstbewusstsein und einer unvergleichlichen Weltoffenheit ausgestattet waren und sind, wie ich sie noch nie bei einem Hund aus dem Tierschutz hatte.
Das schreibe ich vor allem den Bemühungen meiner Züchter zu, die sich sowohl hervorragend um die trächtige Hündin als auch vorbildlich um die Welpen gekümmert haben. Dieses Glück haben Tierschutzwelpen in der Regel nicht. Dennoch gibt es viele Vereine und Tierheime, die ihr Bestes tun, um vorangegangene Defizite aufzufangen. Bevor man sich also einen Welpen von einem wenig seriösen Züchter holt, tut man gut daran, sich über kleine Tierschützlinge zu informieren und eher einen solchen ins Haus zu holen. Denn es ist nicht automatisch ein Gütesiegel, wenn ein Welpe mit Papieren angeboten wird. Als Welpeninteressenten haben wir die Pflicht, uns genau anzuschauen, woher unser Hund kommt – bei guter Aufzucht ist jeder Cent des Kaufpreises eine Investition in eine gesunde, wesensfeste und glückliche Zukunft.

NICOLE **RÖDER ...**

... ist Diplom-Pädagogin und beschäftigt sich seit 20 Jahren mit Lehr-/Lernprozessen bei Mensch und Hund. Alltagstaugliches Trick- und Denktraining, kreative Beschäftigung und bindungsfördernde Auslastung sind ihre Schwerpunkte. Das Training über positive Verstärkung gibt sie auch in ihren Büchern weiter, die im Cadmos Verlag erschienen sind. Sie teilt ihr Leben mit ihrem Mann, Tierschutzhündin Panina und der 5 Monate alten Border Collie Hündin EasyPeasy.

www.tierisch-daneben.de

Foto: K. Gentgen

DAS BESTE ZUHAUSE FÜR JEDEN WELPEN

Hunde zu züchten ist eine wunderschöne und emotionale Angelegenheit. Neben der Geburt ist für mich der Abschied einer der bewegendsten Momente. Schließlich lasse ich das kleine Wesen, das ich gemeinsam mit der Mutterhündin mit viel Liebe auf das Leben vorbereitet habe, in eine ungewisse Zukunft ziehen. Im Moment des Abschieds wird mir besonders bewusst, dass der Hund voraussichtlich sein ganzes Leben bei den von mir ausgewählten Menschen bleiben wird. So trage ich als Züchterin nicht nur eine große Verantwortung bei der Auswahl der Zuchthunde und bei der Aufzucht der Welpen, sondern auch bei der Auswahl der zukünftigen Familien und der Entscheidung, welcher Welpe in welche Familie gehen soll. Eine Entscheidung, die ich gern gemeinsam mit den Welpenkäufern treffe, die Zeit benötigt und bei der optische Merkmale eine untergeordnete Rolle spielen.

VON CHRISTINE STREUBEL

Wie finde ich meine Welpenkäufer?

Der Kontakt zu potenziellen Welpenkäufern entsteht meist bereits Monate vor der Geburt der Welpen, wenn die Wurfplanung konkret und auf meiner Homepage bzw. der meines Zuchtvereins angekündigt wird. Man erhält als Züchter leider immer häufiger unreflektierte E-Mail-Anfragen wie „Haben Sie gerade eine Blue-Merle-Hündin mit blauen Augen zu verkaufen? Wir würden sie am Wochenende abholen." „Wie viel kostet ein Welpe bei Ihnen? Mehr als 800 € können wir aber nicht ausgeben." Antwortet man mit einer ausführlichen Mail und stellt ein paar Fragen, erhält man häufig gar keine Antwort mehr. Hat man schon bei der ersten Mail den Eindruck, dass es so gar nicht passt, und sagt den Interessenten ab, antworten diese zunehmend häufig mit Vorwürfen. An solchen Reaktionen erkennt man eindrücklich, dass es auch später nicht geklappt hätte.

Was schreibt man denn am besten in die erste Mail an den Züchter? Die Kriterien sind sicherlich bei jedem Züchter verschieden, aber ich freue mich immer über eine freundliche Anrede und bin interessiert daran, warum ein Hund angeschafft werden soll, warum man sich für meine Rasse interessiert bzw. entschieden hat und was man mit dem Hund unternehmen möchte. Außerdem möchte ich wissen, wie viel Zeit man täglich für den Hund einplant und wie lange er in der Regel allein bleiben muss. Ich möchte wissen, ob die Familie bzw. der Partner uneingeschränkt hinter dem neuen Familienmitglied steht, ob Kinder da sind oder welche geplant sind. Auch die Organisation der Welpenzeit und die Unterstützung bei der Erziehung und Ausbildung (z. B. Welpenschule, Hundesportverein) interessieren mich.

Ich finde es völlig in Ordnung, wenn ich nach dem Preis meiner Welpen gefragt werde, solange das nicht die einzige Frage in der ersten Mail ist. Schön finde ich es, wenn sich der Interessent auf meiner Homepage bereits über meine Zucht informiert hat, dazu eine Rückmeldung gibt oder konkrete Fragen stellt. Entsteht ein guter Kontakt, möchte ich die potenziellen Welpenkäufer besser kennenlernen, bevorzugt bei einem Treffen oder zumindest in einem ausführlichen Telefonat. Im persönlichen Kontakt lässt sich am besten herausfinden, ob die Chemie stimmt, ob meine Rasse zu den Vorstellungen des Interessenten passt und ob ein Welpe aus dem geplanten Wurf infrage käme.

Im Zuge des Kennenlernens sprechen wir u. a. über den Wunsch nach einem bestimmten Charakter, das bevorzugte Geschlecht und welchen „Job" der Hund später haben soll. Die Ansprüche sind hier ganz unterschiedlich. Hunde aus meiner Zucht sind sportliche Familienhunde, werden als Assistenzhunde ausgebildet oder betreiben Hundesport.

Die Warteliste

Bei einer durchschnittlichen Wurfgröße von fünf bis sechs Welpen sage ich nur vier Interessenten fest zu – zum einen weiß ich eben nicht, wie viele Welpen tatsächlich auf die Welt kommen, zum anderen bleibe ich flexibel, falls ich selbst einen behalten möchte. Auch wenn ich nicht vorhabe, einen Welpen zu behalten, warte ich die Umstände der Geburt und die Entwicklung der Welpen ab. Treten beispielsweise Komplikationen im Rahmen der Geburt auf, die Hündin kann keinen weiteren Wurf mehr haben oder ist genau der Welpe dabei, den man sich wünscht, möchte ich mich anders entscheiden können, ohne einem Interessenten absagen zu müssen. Ab jetzt müssten die zukünftigen Welpenbesitzer Geduld beweisen, ist die Hündin läufig, muss der Deckakt klappen und die Hündin muss aufnehmen. Erst nach neun Wochen Trächtigkeit kommen dann die Welpen auf die Welt und können wiederum erst acht Wochen später umziehen.

Ich habe sehr viel positive Erfahrungen mit Welpenkäufern gemacht, die geduldig sind und sich auf das Warten einlassen. Selten sind diese später abgesprungen und häufig entstand schon vor der Geburt ein intensiver Kontakt.

Die Welpen sind geboren

Miniature American Shepherds gibt es in verschiedenen Farben und mit unterschiedlichen Abzeichen. Die Unterschiede zwischen den Welpen sind von Anfang an größer als bei einfarbigen Hunderassen. So ist man bei der Geburt gespannt auf das Aussehen der Welpen und fiebert der gewünschten Farbe entgegen, auch wenn es erst einmal das Wichtigste ist, dass die Kleinen gesund auf die Welt kommen. Die Welpeninteressenten werden ab dem ersten Tag mit Fotos und Videos „versorgt", was dank

der sozialen Netzwerke heute eine einfache Sache ist.
Die Welpen wechseln in dieser Phase fast ausschließlich zwischen Saugen und Schlafen ab. Ich beobachte folgende Verhaltensweisen: Wie gehen die Welpen mit Gedränge an der Milchbar um? Wird sofort gequengelt, wenn man abgedrängt wird, oder nach einem neuen Platz gesucht? Was passiert, wenn ein Welpe abseits der Mutter oder der Geschwister liegt? Fiept er oder macht er sich mutig auf den Weg, um die Nähe der Mutter oder der Geschwister zu finden? Wie gehen die Welpen mit zusätzlichem Stress um? Dieser entsteht zum Beispiel beim Wiegen, Streicheln oder beim Kontakt mit unterschiedlichen Menschen der Familie. Zusätzlich führe ich Übungen aus dem sogenannten „Superdog"-Programm durch. Dabei werden die Welpen in den ersten zwei Wochen täglich einzeln auf eine weiche Katzenschaukel gelegt, über Kopf auf den Rücken gedreht und an den Pfotenballen mit einem Wattestäbchen stimuliert. Auch hier sind die Reaktionen sehr unterschiedlich. Die einen lassen alles entspannt über sich ergehen, andere zeigen leichte Unruhe, wieder andere werden hektisch und fangen an zu schreien. Kann man aus diesen instinkt- und reflexgeleiteten Verhaltensweisen schon Schlüsse für spätere Charakterzüge ableiten? Ich denke, man kann diese Frage nicht generell mit Ja oder Nein beantworten, allerdings lässt sich gut beobachten, wie ein Welpe mit „Problemen" umgeht. Dabei sollte ausgeschlossen sein, dass er ein gesundheitliches Problem hat. Ist eine Situation aber einfach „nur" unangenehm und wäre er in der Lage, sich selbst zu helfen, unterstütze ich ihn so wenig wie möglich, damit er lernt, dass sich Anstrengung lohnt. Das Verhalten der Mutterhündin ist hier ein Vorbild für mich – auch sie springt nicht beim ersten Quengeln eines Welpen auf, kümmert sich aber besonders, falls ein Welpe ihre Zuwendung benötigt.
Natürlich verändern sich das Temperament und die Wesenszüge des Hundes durch Erfahrungen, Erziehung und andere Einflüsse noch stark. Manchmal ist es aber eindrucksvoll, wie früh andauernde Charaktereigenschaften deutlich werden.
Für die zukünftigen Welpenkäufer mache ich die Entwicklung der Kleinen täglich auf Fotos und/oder Videos transparent. Auch die Gewichtszunahme wird mit Spannung verfolgt, da diese ein Anhaltspunkt für die Endgröße des ausgewachsenen Hundes sein kann.
In den ersten drei bis vier Wochen sind Besuche engen Freunden und der Familie vorbehalten, als Schutz vor Krankheiten und vor allem, um der Hündin und ihren Welpen die notwendige Ruhe und Geborgenheit zu bieten, die für eine gesunde Entwicklung in dieser Phase erforderlich sind.
Nach etwa zwei Wochen lasse ich mir von jedem Welpeninteressenten zwei Favoriten nennen, so legt sich keiner auf nur einen Welpen fest. Erst dann beginne ich mit einer eigenen „Sortierung", die ich aber erst noch für mich behalte.
Bei normaler Entwicklung ziehen die Welpen um die vierte Woche herum aus dem Wurfzimmer in den größeren Welpenauslauf im Wohnzimmer um. Sie werden zwar immer noch gesäugt, fressen und trinken aber inzwischen selbstständig, Ohren und Augen sind geöffnet und sie werden von Tag zu Tag aktiver und unternehmungslusti-

Die süße „Funny" aus dem C-Wurf von Christine Streubel ist inzwischen erwachsen und hat Spaß am Agility mit ihrer jungen Besitzerin. (Foto: K. Gentgen)

ger. Im Wohnzimmer sind sie zahlreichen Alltagsgeräuschen wie Töpfeklappern, Spülmaschinen- oder Dunstabzugshaubenrauschen, Musik aus dem Radio, Rollladenklappern u. v. m. ausgesetzt. Den ersten Staubstaugereinsatz nehmen sie daher meistens gelassen hin.
Früh beobachte ich das Spielverhalten der Welpen und achte z. B. auf die Reaktionen der Welpen, wenn sie von einem Geschwister zu heftig gezwickt werden. Normal ist ein Quietschen und das Beenden des Spiels, da dies auch die Beißhemmung entwickelt. Interessant ist, das Verhalten „danach" zu beobachten: Schüttelt sich der Welpe und spielt weiter? Reagiert er gestresst, zieht sich zurück oder reagiert sogar mit Schnappen auf die nächste (freundliche) Annäherung eines anderen Welpen? Ein Welpe, der diese Verhaltensweisen häufiger zeigt, wäre meiner Meinung nach nicht für Interessenten mit kleinen Kindern geeignet. Bei aller Vorsicht passieren zwischen Kindern und (kleinen) Hunden häufiger Zusammenstöße oder kleine Unfälle. Ist ein Welpe zu sensibel oder schmerzempfindlich, kann das zu Problemen führen. Beobachte ich diese Reaktion bei einem Welpen häufiger, erhält er verstärkte Aufmerksamkeit und ich ermögliche ihm zusätzliche Schutz- und Rückzugsmöglichkeiten.
Den Beutetrieb stimuliere ich gern mit einem Spielzeug aus geflochtenem Fleecestoff, das ich in kleinen, nicht zu schnellen Bewegungen von dem Welpen wegbewege. So wird er angeregt, es zu jagen, es zu packen und hineinzubeißen. Nun beginne ich ein kurzes Zerrspiel mit angepasstem Krafteinsatz und überlasse dem Welpen dann die Beute. Beobachtungskriterien sind das Interesse an der „flüchtenden" Beute, die Intensität, mit der am Spielzeug gezogen wird, ob und wie intensiv der Welpe knurrt und wie er sich nach dem Überlassen der Beute verhält. Ein Hund mit einem guten Beutetrieb lässt sich später meistens gut für hundesportliche Aktivitäten motivieren.
Besonders interessant finde ich zu sehen, was der Welpe macht, wenn er allein wach ist. Manche Welpen beschäftigen sich z. B. längere Zeit mit einem Spielzeug oder einer Kaustange, andere suchen aufdringlich den Kontakt zu den Geschwistern und „nerven" so lange, bis einer aufwacht und mitspielt. Hier gibt es kein „Richtig" oder „Falsch". Ich überlege vielmehr, wie die beobachteten Verhaltensweisen zu den zukünftigen Besitzern passen könnten. Ein eher „fordernder" Hund braucht in der Erziehung sicher mehr Grenzen, und die Frage ist immer, ob der Besitzer das gut handeln kann.

Welpentests und Welpenanalyse

In Welpentests, z. B. von Jan Nijboer, wird empfohlen, die „Dominanz" des Welpen damit zu testen, dass man ihn auf den Arm nimmt und auf den Rücken legt. Dies übe ich allerdings früh mit den Welpen und kraule sie dabei an Brust und Bauch, daher empfinden sie dies meistens als angenehm. Sie sind diese Position außerdem vom konsequenten Umgang und der Pflege der Hündin gewohnt. Möchte ein Hund in dieser Position nicht lange bleiben, sehe ich das nicht als dominantes Verhalten, sondern als Unwohlsein oder Unruhe. Ich gebe mich damit zufrieden, dass der Welpe noch einen Moment stillhält, und gebe ihn dann frei. Ähnlich habe ich es bei meinen Hündinnen beobachtet, die zwar konsequent den Welpen zum Putzen auf den Rücken legen, diesen aber danach wieder „entlassen". Welpentests sagen also oft mehr darüber aus, was die Welpen durch entsprechendes Handling schon

Der Züchter beobachtet seine Welpen täglich beim Spielen und in vielen anderen Situationen und kann daher am ehesten einschätzen, welcher Welpe zu welchem Menschen passt. (Foto: K. Gentgen)

kennengelernt haben, als über bestimmte Eigenschaften.
Mit etwa viereinhalb bis fünf Wochen können die Welpen dann endlich von den zukünftigen Besitzern besucht werden, was für beide Seiten eine spannende Sache ist. Ich bin natürlich sehr auf die Reaktion der Welpen auf fremde Menschen gespannt. Sind sie eher aufgeschlossen, freudig oder sogar ungestüm oder eher zurückhaltend, schüchtern oder gleichgültig? Reagieren sie gar nicht und verschlafen sie den Besuch, weil sie vorher lange und intensiv gespielt haben? Bei allen Beobachtungen und Einschätzungen geht es vorrangig darum, für jedes Töpfchen das passende Deckelchen zu finden. Für den einen passt der ruhige, sensible Hund, für den anderen der eher robuste und wilde Hund.
Als sehr wichtig sehe ich den Austausch über die Beobachtungen und Einschätzungen mit den Welpeninteressenten über alle Welpen und nicht nur die eigenen Favoriten, um einer Betriebsblindheit vorzubeugen und evtl. Förderbedarf zu erkennen, wenn ein Welpe z. B. zurückhaltend auf den Besuch reagiert.
Möchte ein Interessent durch einen Hundetrainer einen Welpentest durchführen lassen, stehe ich diesem offen gegenüber, möchte aber wissen, welche Übungen mit dem Welpen gemacht werden sollen, und bin auf jeden Fall dabei. Einer meiner Welpen wurde bisher professionell auf seine Eignung als Assistenzhund getestet. Er hat alle Kriterien mit Bravour erfüllt.
Vor der endgültigen Entscheidung – auch bezüglich des Welpen, den ich selbst behalten möchte, beziehe ich die Entwicklung des Gebäudes mit in die Überlegungen ein. Ein gutes Instrument dafür ist die sogenannte Welpenanalyse, die von den Amerikanern Pat und Bob Hastings entwickelt, von Doris Walder und Eva Holderegger-Walser aus der Schweiz ins Deutsche übersetzt wurde und in Fortbildungen und Seminaren vermittelt wird. Dabei wird davon ausgegangen, dass der Körper eines Welpen zwischen siebeneinhalb und achteinhalb Wochen in etwa die Winkel und Längenverhältnisse aufweist, die er als erwachsener Hund haben wird. Hat er also in diesem Alter einen verhältnismäßig langen Rücken oder eine schlecht gewinkelte Hinterhand, wird er diese Merkmale auch im Erwachsenenalter aufweisen. Erkennt man diese körperlichen Stärken und Schwächen, kann man sie bei der Platzierung der Welpen berücksichtigen. Ich bin von dieser Art der Gebäudeanalyse des Hundes überzeugt, allerdings hat das Verfahren den großen Nachteil, dass das Temperament des Hundes wenig berücksichtigt wird. Außerdem ist es schwierig, die zukünftigen Welpenkäufer bis kurz vor Abgabe im Unklaren darüber zu lassen, welchen Welpen sie bekommen sollen. Ich nutze die „Welpenanalyse" daher eher,

um das Gebäude meiner Hunde und der geplanten Zuchtpartner zu bewerten. Zeitnah nach den Welpenbesuchen entscheide ich auf der Grundlage der Wünsche der Welpeninteressenten und meiner Einschätzungen die endgültige Zuordnung. Haben sich zwei Interessenten auf einen Welpen „eingeschossen“, denke ich im Vorfeld über die bessere Passung und Alternativen nach und konnte glücklicherweise bisher jeden davon überzeugen, dass er den für ihn am besten passenden Welpen erhält.

Nach der Abgabe

Im Idealfall entsteht zwischen Züchter und Welpenkäufer eine lebenslange Verbindung – zumindest solange der Hund lebt. Dabei erfüllt es mich mit Stolz, wenn „meine“ Hunde z. B. im Sport erfolgreich sind oder positive Ausstellungsergebnisse präsentieren. Mindestens genauso freue ich mich über ganz normale Fotos, beim Toben am Meer, beim Spaziergang im Schnee oder beim Kuscheln auf der Couch. Toll ist es, wenn die Welpen nicht weit wegziehen und man die Chance hat, sie regelmäßig zu sehen und ihre körperliche und charakterliche Entwicklung zu verfolgen. Regelmäßige Wurftreffen helfen ebenfalls, die Entwicklung zu verfolgen, und natürlich ist es eine große Freude, die „Kleinen“ als große Hunde wiederzutreffen.

Warum ein Welpe bleibt

Ich muss ehrlich zugeben, dass sich Maggi aus meinem A-Wurf bereits in mein Herz geschlichen hatte, als sie noch keine zwei Stunden alt war. Sie war die einzige Hündin in Red-Merle, und irgendwie war es später ihr Blick, dem ich nicht widerstehen konnte. Bei Mooni aus meinem C-Wurf habe ich mit fünf Wochen entschieden, dass sie bleiben wird. Hauptgrund bei ihr war eine Augenverletzung, bei der eine spätere Operation nicht ausgeschlossen werden konnte. Beide Entscheidungen habe ich nie bereut. Letztendlich ist es ein Zusammenspiel aus Beobachtungen, Überlegungen, Zufällen und einer Portion Glück, damit es am Ende passt. Am wichtigsten sind dabei der gesunde Menschenverstand und ein gutes Bauchgefühl. Denn das ist, wie man so schön sagt, ein ganz schön kluger Kopf.

CHRISTINE **STREUBEL ...**

... züchtet seit 2015 Mini American Shepherds unter dem Kennelnamen Peppermontis. Ihre ersten Würfe sind im AKC registriert, nach der offiziellen Anerkennung des Minis ist sie seit 2020 Mitglied im CASD/VDH. Sie ist ausgebildete Hundephysiotherapeutin mit Schwerpunkt Sportphysiotherapie und Autorin des Buchs „Hundeturnen. Spielerische Fitnessübungen - einfach erklärt (erschienen 2019 im Cadmos Verlag). Mit ihren eigenen Hunden ist sie erfolgreich im Agility unterwegs.

www.peppermonti.de

(shutterstock.com/Petr Lerch)

DER HUNDE-KAUFVERTRAG

Zwischen dem Kauf eines Hundes und dem Kauf eines Toasters ist rein rechtlich gesehen kein großer Unterschied. Sobald es um Emotionen geht, tut sich die Jurisprudenz sehr schwer, diese angemessen in Gesetze und Regelungen zu packen. Jedoch kauft man bei einem Hund ein Lebewesen. Voller Vorfreude auf das neue Familienmitglied finden die ersten Besuche beim Züchter des Vertrauens statt. Den kleinen Liebling auf dem Schoß, wird man sich schnell einig. In dieser gefühlsgetränkten Situation fällt es oftmals auch Züchtern schwer, den Kaufinteressenten einen mehrseitigen schriftlichen Kaufvertrag vorzulegen. Aber: Würden Sie im Elektromarkt einen Toaster ohne Quittung kaufen? Wann ist ein Vertrag sinnvoll und welche Regelungen sollte er beinhalten?

VON ANDREAS ACKENHEIL

Kaufvertrag – nur schriftlich oder auch mündlich wirksam?

Wir werden in unserer rechtlichen Beratung immer wieder gefragt: Muss man wirklich alles schriftlich festhalten? Diese Frage stellt sich auch unter Züchtern beim Verkauf eines Zuchthundes. Sicher zählt unter redlichen Züchtern noch das Ehrenwort und man braucht daher nicht zwingend einen schriftlichen Vertrag. Die wenigsten Verträge bedürfen der Schriftform, so auch der normale Hundekaufvertrag. Rechtswirksam kann er auch mündlich abgeschlossen werden. Warum raten Juristen dann aber zum Abschluss eines schriftlichen Kaufvertrags? Dies liegt daran, dass im Streitfall jede Vertragspartei die für sie günstige Vereinbarung beweisen muss. Bei einem mündlichen Kaufvertrag ist dies oft schwierig. Aufseiten des Züchters war bei der Übergabe des Welpen beispielsweise kein Zeuge dabei, der Käufer war jedoch in Begleitung. Dies führt dazu, dass der Züchter besprochene Vereinbarungen später vor Gericht nicht beweisen kann. Es besteht die Gefahr, deswegen den Prozess zu verlieren. Es ist daher dringend anzuraten, einen schriftlichen Kaufvertrag abzuschließen.

Was sollte im Vertrag drinstehen?

Neben den üblichen Angaben wie Name und Kontaktdaten der Vertragsparteien sollte der Kaufvertrag auch Regelungen über den zu verkaufenden Hund (Wurfdatum, Chipnummer, letzte Impfung, Beschaffenheit etc.), Regelungen über die Höhe und Fälligkeit des Kaufpreises, Gewährleistung und Verjährung enthalten. So kann bspw. geregelt werden, wann und wie der Verkäufer durch den Käufer über eine aufgetretene Erkrankung des Welpen zu benachrichtigen ist. Ebenso können Regelungen über die freiwillige Rücknahme des Welpen durch den Züchter bzw. die verpflichtende Rückgabe durch den Käufer und ein Vorkaufsrecht nebst den entsprechenden Konditionen aufgenommen werden. Es sollte zwar nicht einer expliziten Erwähnung im Vertragstext bedürfen, es hat sich jedoch in der Vergangenheit als sehr vorteilhaft erwiesen, in den Vertragstext auch die Verpflichtung an den Käufer aufzunehmen, den Hund artgerecht und tierschutzkonform unter Beachtung der tierschützenden Gesetze zu halten. Der Vertrag sollte neben Angaben zu Ort und Datum des Abschlusses zudem immer unterschrieben sein.
Im schriftlichen Kaufvertrag können im Rahmen des geltenden Rechts zudem spezielle Vereinbarungen zwischen Züchter und Käufer fixiert werden. Diese Regelungen, die im BGB nicht enthalten sein müssen, sind im Wege der sogenannten Vertragsfreiheit dann grundsätzlich zwischen den Parteien rechtlich bindend. Solche Regelungen können die Vorgehensweise der Vertragsparteien beinhalten, wenn mal etwas „schiefgelaufen“, der Welpe bspw. kurz nach der Übergabe krank geworden ist oder sich im Laufe der Gewährleistungsfrist eine genetisch bedingte Erkrankung entwickelt. So kann auch vereinbart werden, ob der Hund nur als Familienhund gehalten oder ob auch mit ihm später gezüchtet werden darf. Ebenso kann die Haftung zugunsten des Verkäufers teilweise begrenzt, der spätere Zuchteinsatz geregelt und für den Fall des Verstoßes gegen einzelne Regelungen des Vertrags eine Vertragsstrafe vereinbart werden. Eine solche sehen die allgemeinen Regelungen des BGB gerade nicht vor. Formulierungen wie „Jede Partei erhält eine Ausfertigung des Vertrags“ oder „Mit der Unterschrift akzeptiert der Käufer die Bedingungen des Vertrags“ hören

Egal wie gut es beim Züchterbesuch läuft - schließen Sie einen schriftlichen Kaufvertrag für Ihren Welpen ab.

sich nett an, sind rechtlich unbedeutend und verschwenden nur Platz für wirklich wichtige Klauseln. Auf sie kann getrost verzichtet werden, da die Wirkung dieser Regelungen obligatorisch ist.
Der schriftliche Kaufvertrag fixiert das konkrete Vertragsverhältnis zwischen den Vertragsparteien. Es kann daher auch nur im Interesse eines Käufers liegen, mit dem Verkäufer einen schriftlichen Kaufvertrag abzuschließen, da auch er so die Möglichkeit hat, eigene Vorstellungen in den Vertragstext mit aufnehmen zu lassen. Auf Grundlage der Vertragsfreiheit kann prinzipiell alles in den Vertrag aufgenommen werden, solange nicht gegen geltendes Recht verstoßen wird.

Sind Tiere Sachen?

Bereits das Grundgesetz stellt fest, dass Tiere keine Sachen, sondern sogenannte Mitgeschöpfe sind. Der allgemeine Irrglaube, Tiere seien rechtlich gesehen Sachen, stimmt daher nicht. Jedoch sind auf Tiere die zivilrechtlichen Regelungen über Sachen entsprechend anzuwenden, weshalb beim Tierkauf letztlich das gesamte Kaufrecht Anwendung findet.

Kaufrechtliche Gewährleistung?

Stellt sich nach der Übernahme des Hundes heraus, dass dieser krank war, oder entwickelt er eine genetische Erkrankung, so stellt sich die Frage nach der Gewährleistung. Muss der Verkäufer für den Mangel haften und die entsprechenden Kosten übernehmen? Kann der Käufer den Hund sogar zurückgeben oder einen Teil des Kaufpreises wiedererlangen?
Der Verkäufer haftet zunächst innerhalb von zwei Jahren gegenüber dem Käufer. Diese Frist beginnt ab Übergabe des Hundes an den Käufer und wird taggenau berechnet. Häufig werden sogenannte Gewährleistungsausschlüsse in den Vertrag mit aufgenommen. Die Regelung im Vertrag beinhaltet, dass der Käufer darauf verzichtet, Ansprüche geltend zu machen, die sich auf später in Erscheinung tretende oder festgestellte Krankheiten und Mängel (erworbene wie auch erbgebundene) beziehen. Sofern sie wirksam vereinbart wurden, trifft den Verkäufer keine Haftung, wenn er die Zucht als reines Hobby betreibt und damit rechtlich gleich einem privaten Käufer anzusehen ist.
Sofern es sich jedoch um einen sogenannten Verbrauchsgüterkauf handelt, tritt für den Verkäufer eine Beweiserleichterung ein. Beim Verbrauchsgüterkauf ist der Verkäufer ein gewerblicher Unternehmer und der Käufer erwirbt den Hund für rein private Zwecke. Die gesetzliche Vermutung spricht hier für einen anfänglichen Mangel, wenn sich dieser Fehler innerhalb der ersten sechs Monate nach Übergabe zeigt. Diese Vermutungsregelung gilt auch beim Tierkauf. Der Verkäufer muss für diesen Fehler die Haftung übernehmen (BGH,

Az.: VIII ZR 173/05). Unternehmer ist nach der Definition des § 14 Abs. 1 BGB eine Person, die bei Abschluss eines Rechtsgeschäfts in Ausübung ihrer gewerblichen oder selbstständigen beruflichen Tätigkeit handelt. Eine gewerbliche Tätigkeit setzt – jedenfalls – ein selbstständiges und planmäßiges, auf eine gewisse Dauer angelegtes Anbieten entgeltlicher Leistungen voraus. Nicht erforderlich ist, dass der Verkäufer mit seiner Geschäftstätigkeit die Absicht verfolgt, Gewinn zu erzielen (BGH NJW 2006, 2250, 2251 ff.). Es genügt deshalb, wenn die Zucht nur als Hobby betrieben wird und die damit einhergehenden Geschäfte nur dazu dienen, die Verluste zu reduzieren (OLG Köln AZ 11 U 23/07). Sofern der Züchter daher in mehr oder weniger regelmäßigen Abständen einen Wurf züchtet, wird er als gewerblicher Unternehmer angesehen und haftet.

Was ist ein Sachmangel?

Ein Sachmangel liegt vor, wenn das Tier nicht die vereinbarte Beschaffenheit aufweist oder für die Verwendungsmöglichkeit nicht geeignet ist. Ein als „gesund" verkaufter Hund muss daher auch tatsächlich gesund sein und nicht bspw. über einen Infekt verfügen. Wenn ein Zuchthund verkauft wird, muss dieser auch zur Zucht einsetzbar sein. Für solche Fälle werden zu Beweiszwecken oft auch Internetanzeigen oder Angaben auf der Homepage des Züchters verwendet. Da genetisch bedingte Erkrankungen in den Genen verankert sind und meist erst später in der Entwicklung des Hundes auftreten, handelt es sich hierbei um sogenannte „versteckte Mängel", für die der Züchter haftet, wenn ihn ein züchterisches Verschulden trifft. Ob der Züchter daher im Verlauf der Zucht einen Fehler begangen hat, für den er haften muss, wird oftmals über ein Gerichtsverfahren geklärt.

Für welche gesundheitlichen Probleme haftet der Züchter?

Die häufigsten gesundheitlichen Probleme stellen sicherlich die genetisch bedingten Erkrankungen dar wie Hüftgelenksdysplasie, Ellenbogengelenksdysplasie oder Beeinträchtigungen der Patella. Sehr häufig verbreitet sind rassebedingt auch Erkrankungen am Herzen (dialative Kardiomyopathie/DCM), an den Augen (bspw. Entropium/Rolllid) und der portosystemische Shunt (Lebershunt). Eine Haftung des Züchters im Rahmen der Gewährleistung ist immer dann gegeben, wenn er die Zucht fehlerhaft betrieben hat, ihm hier also schuldhaftes Handeln nachgewiesen werden kann. Dieses liegt immer dann vor, wenn die Erkrankung in der Zuchtlinie bereits aufgetreten ist, dem Züchter damit bekannt war oder aufgrund Fahrlässigkeit hätte bekannt sein müssen und er den Käufer bei Abschluss des Vertrags nicht auf die Möglichkeit des Auftretens der Erkrankung hingewiesen hat. Dies stellt einen häufigen Fall der arglistigen Täuschung dar. Meist wird die Frage des Verschuldens dann durch einen Richter geklärt.
Im Falle der verhaltensbedingten Beeinträchtigungen muss geprüft werden, ob diese nicht durch den Käufer antrainiert wurden, wofür der Züchter dann nicht haftet. Bei charak-

terlichen Defiziten ist eine Haftung des Züchters nicht auszuschließen, da regelmäßig nur charakterlich starke Hunde zur Zucht eingesetzt werden. Ob dann die Verhaltensauffälligkeit des Hundes einen Sachmangel darstellt, muss im Einzelfall geprüft werden.

Wann muss der Sachmangel vorliegen?

Grundsätzlich muss die Mangelhaftigkeit/Erkrankung bereits zum Zeitpunkt des sogenannten Gefahrübergangs vorliegen. Im Regelfall stellt die Übergabe des Hundes vom Züchter an den Käufer den maßgeblichen Zeitpunkt dar, d. h., der Hund muss bereits zum Zeitpunkt der Übergabe mit dem Mangel behaftet sein. Im Zweifelsfall muss daher der Käufer gegenüber dem Verkäufer beweisen, dass die Sache bereits bei der Übergabe mangelhaft war. War dem Käufer der Mangel schon bei Abschluss des Kaufvertrags bekannt (bspw. eine erkennbare Knickrute oder eine Zahnfehlstellung), dann sind Gewährleistungsansprüche wegen dieses Mangels ausgeschlossen. Dasselbe gilt, wenn der Verkäufer dem Käufer nachweisen kann, dass der Mangel erst durch einen unsachgemäßen Umgang mit der Kaufsache nach Gefahrübergang (bspw. antrainierte Verhaltensauffälligkeiten oder selbst verursachte Erkrankungen) verursacht wurde. So beispielsweise, wenn Welpen zu früh sportlich geführt werden oder im Haus Treppen steigen müssen. Wenn sich durch eine solche Haltung bspw. ein Hüftschaden ergibt, ist hierfür der Züchter nicht haftbar. Gerichtlich stellen diese Fragestellungen erhebliche Probleme dar, die oftmals nur über ein tiermedizinisches Sachverständigengutachten gelöst werden können.

Rechte des Käufers

Im Rahmen der Gewährleistung kann der Käufer vom Vertrag zurücktreten oder Minderung des Kaufpreises nebst Schadensersatz wegen Nichterfüllung oder Ersatz vergeblicher Aufwendungen vom Verkäufer verlangen. Die Rechte stehen dem Käufer aber erst zu, wenn er gegenüber dem Verkäufer regelmäßig eine Frist zur Nacherfüllung gesetzt hat. Der Verkäufer muss daher in die Lage versetzt werden, den vom Käufer behaupteten Mangel selbst zu prüfen oder von einem Tierarzt seines Vertrauens prüfen lassen zu können. Der Käufer sollte daher den Verkäufer frühestmöglich über die Erkrankung informieren und ihm die entsprechenden tiermedizinischen Unterlagen zur Prüfung zur Verfügung stellen.
Kommt der Käufer dieser Verpflichtung nicht nach und verwehrt dem Verkäufer damit sein elementarstes Recht „der zweiten Andienung", kann eine Geltendmachung seiner Ansprüche bereits hieran scheitern. Eine Ausnahme stellt jedoch die sogenannte Notfallbehandlung dar. Diese ist gegeben, wenn das Leben des Hundes auf dem Spiel steht, wenn er nicht sofort behandelt oder operiert wird bzw. wenn irreparable Schäden drohen. Hier ist es dem Käufer nicht zuzumuten, erst den Verkäufer zu informieren und dann eine Behandlung seines Hundes zu beauftragen. Eine weitere Ausnahme besteht, wenn es sich bei der vorliegenden Krankheit nicht um eine durch tierärztliche Behandlung behebbare Krankheit handelt. Diese liegt vor, wenn lediglich die Symptome gelindert, nicht jedoch die Ursache der Krankheit behoben werden kann.
Zur Geltendmachung der Ansprüche des Käufers ist daher erforderlich, dass dieser dem Verkäufer eine angemessene Frist zur Nacherfüllung gesetzt hat, in welcher dieser nicht tätig geworden ist, auch ein zweiter Nachbesserungsversuch des Verkäufers fehlgeschlagen ist oder der Verkäufer die Nacherfüllung endgültig verweigert hat.

Zuchtverbot für den Welpen festlegen?

Wie dargestellt herrscht Vertragsfreiheit. Insoweit kann ein Züchter den Hund als reinen Familienhund verkaufen, mit dem zunächst nicht gezüchtet werden darf. Will dies der Käufer nicht, muss er den Vertrag nicht abschließen. Einige Richter haben bereits entschieden, dass der Käufer mit dem Kaufge-

Tipps zum Hundekauf

- Vertrag am besten immer schriftlich abschließen
- Vertragstext sorgfältig lesen
- Unklarheiten vor der Unterschrift besprechen
- Auf jeder Vertragsseite „paraphieren" (mit Namenskürzel versehen)
- Auf besondere Vereinbarungen achten wie Beschaffenheitsvereinbarungen, Gewährleistung, Rückgaberecht, Vertragsstrafen
- Daten mit EU-Heimtierausweis und Welpen überprüfen
- Erhalt einer originalen Ahnentafel
- Erhalt eines unterschriebenen Kaufvertragsexemplars

genstand tun und lassen kann, was er will, sofern er nicht gegen Gesetze verstößt. Diese Entscheidungen berücksichtigen jedoch nicht die Interessen des Verkäufers und die Tatsache, dass kein lebloser Gegenstand verkauft wurde, sondern gerade ein Lebewesen. Da der Züchter auf seine Zuchtlinie achtet, hat er ein berechtigtes Interesse daran, dass mit dem von ihm gezüchteten Hund nicht „wild weitergezüchtet" wird. Hierzu findet sich in Hundekaufverträgen oft die Regel, dass die zukünftige Zucht der Erlaubnis des Verkäufers bedarf. Diese wird erteilt, wenn der Käufer einen Aufschlag auf den ursprünglichen Kaufpreis bezahlt, der bereits bei Vertragsschluss festgeschrieben wird. Diese Regelung hat sich in der Praxis bewährt.

Wenn sich der Käufer nicht daran hält

Verstößt der Käufer gegen Regelungen des Vertrages, muss der Züchter gegen den Käufer rechtlich vorgehen. Dies ist ihm möglich, wenn er im Vertrag eine Vertragsstrafe festgelegt hat. Diese muss wirksam vereinbart und der Höhe nach auch angemessen sein. Beides stellt in der Praxis erhebliche rechtliche Probleme dar, weshalb solche Vertragsklauseln aufgrund der unterschiedlichen Rechtsprechung durch einen auf Tierrecht spezialisierten Rechtsanwalt geprüft werden sollten. Auf eine Vertragsstrafe zu verzichten ist nicht ratsam, da dem Verkäufer andernfalls die Durchsetzung seiner Ansprüche erheblich erschwert bis gänzlich unmöglich gemacht wird.

Fazit

Züchter sollten ihre Hunde immer nur mit einem schriftlichen individuellen Kaufvertrag abgeben. Standardverträge aus dem Internet sind nicht zu empfehlen, da sie oftmals zu ungenau formuliert und nur als grobe Muster für viele Kaufsituationen gedacht sind.

Ein seriöser Käufer wird sich auch nicht von einem Vertrag abschrecken lassen, da dieser auch seine Rechte hierin gewahrt sehen wird.

ANDREAS **ACKENHEIL ...**

... ist Rechtsanwalt und Gründer der Ackenheil Anwaltskanzlei mit Sitz in Mainz. Diese ist sei 2004 auf die Themengebiete Recht rund ums Tier spezialisiert und bundesweit tätig. Sie vertritt Hundeschulen, Privatpersonen, Züchter und Tierärzte in allen Fragen des Tierrechts. Andreas Ackenheil veröffentlicht regelmäßig juristische Fachbeiträge in Onlineportalen und Hundezeitschriften und veranstaltet Tierrechtsseminare. Sein Buch „Ihr Recht rund ums Haustier" ist 2017 bei Wolters Kluwer Deutschland erschienen.

www.tierrecht-anwalt.de

Der süße Welpenblick täuscht, denn Welpen können ganz schön anstrengend sein (Foto: M. Zaitz)

EIN WELPE ZIEHT EIN

Die ersten Wochen im neuen Zuhause sind sowohl für den Welpen als auch für seine Familie aufregend. Im besten Fall haben sich die angehenden Welpenbesitzer umfassend informiert und sind nun hoch motiviert, den kleinen Wurm nach bestem Wissen zu fördern und fordern.

VON MANUELA ZAITZ

Ich finde es gut, dass Menschen sich Gedanken über die Welpenzeit machen. Leider machen sich viele aber auch Druck und überfordern so sich und das Hundekind. Der wichtigste Tipp, den ich Ihnen geben kann, ist: Atmen Sie und genießen Sie die Zeit, denn sie ist schnell vorbei.

Alle Welpenerinnerungen, die ich an meine alten und verstorbenen Hunde habe, sind rosarot gefärbt von wunderbaren Geschichten, die mich angefressene Möbel, bepinkelte Teppiche, zerkratzte Arme und Beine und zerrissene Shirts weitestgehend vergessen lassen haben. Aber man muss in aller Deutlichkeit sagen: Welpen sind eine größere Herausforderung, als man sich das vorab vorstellt. Zwar kann man Glück haben und einen ruhigen Vertreter erwischen, aber hoffen würde ich darauf nicht.

Nicht, dass Sie denken, ich will Ihnen den Welpen ausreden, auf gar keinen Fall. Auf der anderen Seite ist es nämlich eine besondere Erfahrung, einen Hundeknirps zu begleiten, ihm die Welt zu zeigen, ihm zur Seite zu stehen und sein Vertrauen erleben zu können. Einen schlafenden Welpen auf dem Arm zu haben ist mit eine der besten Erfahrungen, die man machen kann.

Mein alter Hund wird im November 13 Jahre alt und seine Welpenzeit ist lange vorbei. Als klar war, dass in diesem Sommer wieder ein Welpe einziehen würde, waren die wichtigsten Punkte für mich: Wir setzen uns nicht unter Druck. Alles dauert so lange, wie es dauert, und ich werde diese Zeit genießen, auch wenn ich ihn zwischendurch mal an die Wand nageln möchte. Mein „Mate" ist vor drei Monaten hier eingezogen und ich darf sagen, es war ein guter Plan, aber es war nicht immer leicht.

Umgebung sichern

Bevor der Welpe einzieht, sollten Sie einmal auf allen vieren durch Ihre Wohnung oder Ihr Haus krabbeln. Herumhängende Kabel, herunterhängende Tischdecken, bodenlange Vorhänge, alles, in das man hineinbeißen und damit zerren kann, lohnt sich umzugestalten. Wer eine Familie mit Welpen im Freundeskreis hat, sollte diese einladen, damit der Gastwelpe gleich auf die Schwachstellen aufmerksam machen und man diese noch vor dem Einzug beseitigen kann.

Ich weiß, dass vielfach die Meinung vorherrscht, dass man dem Welpen doch einfach verbieten kann, bestimmte Dinge zu tun. Es ist jedoch ungleich stressfreier, die Gefahrenquellen zu eliminieren, als ständig hinter dem Baby herjagen zu müssen, aus Angst, er holt sich einen Stromschlag, wenn er in das Handykabel beißt. Man duscht, kocht, liest, netflixt entspannter, wenn man nicht in ständiger Sorge um Hund oder Gegenstände ist. Ich mag meinen Welpen nicht in einen Fehler hineinlaufen lassen, um ihn dann zu bestrafen; ich gestalte seine Umwelt lieber so, dass wir die ersten Lebensmonate und gerade zu Beginn keine großen Fehler machen.

Ein Türgitter ist ein geeignetes Hilfsmittel, falls der Welpe mal seine verrückten fünf Minuten hat und nicht ablassen kann, in unsere Hände und Füße zu beißen. Das tut sehr weh und die meisten Welpen unterbrechen das Beißen auf ein ehrliches „Aua“. Manchmal aber nur kurzfristig, weil sie zu überdreht oder zu müde sind. Dank eines Gitters kann man den Raum kurz verlassen, ohne den Welpen in ein Zimmer einsperren zu müssen und ohne die Beißerei weiter hochzuschrauben. Ich kann Sie beruhigen, das hört wirklich auf. Ich habe mir angewöhnt, einen kleinen Lammfelldummy in meiner Tasche zu haben, damit ich bei diesen Attacken immer gleich eine Alternative anbieten kann. So kann der Welpe leicht lernen: In die Menschen darf man nicht reinbeißen, aber die haben tolles Spielzeug, damit geht das auch.

Erwünschtes Verhalten belohnen

Durch unsere eigene Erziehung sind wir in der Regel so geprägt, dass wir auf Fehler achten, um diese dann zu korrigieren. Viel leichter und schöner ist es, alles zu belohnen, was der Welpe gut macht. So bekommt er einen Eindruck von den Verhaltensweisen, die sich für ihn lohnen und die wir gern bei einem erwachsenen Hund sehen möchten. Das ergibt für den Welpen ein zuverlässiges Fundament, auf dem er sich zu bewegen lernt. Verhalten, das sich lohnt, wird häufiger gezeigt. Es gibt unzählige Möglichkeiten, den Hund für erwünschtes Verhalten zu bestätigen. Vor jedem „Fehlverhalten“ hat er sich nämlich brav verhalten, wir haben es nur verpasst.
Um immer passend zu belohnen nutze ich persönlich eine unterteilte Tasche, in der ich zwei Sorten an Futterbelohnungen und das Spielzeug unterbringen kann. Für den Alltag bestücke ich diese mit dem normalen Trockenfutter und hochwertigeren Leckerchen. So kann man treffend „tat- und schuldangemessen“ belohnen. Vergessen Sie nicht, die gegebenen Leckerchen vom Futter abzuziehen, damit der Welpe nicht übergewichtig wird.

Prioritäten setzen

Ich empfehle Ihnen, sich eine Liste der Dinge zu machen, die für Ihr Leben mit Hund wichtig sind. Soll der Hund mit ins Büro, muss er täglich allein bleiben, haben Sie Kinder, viel Besuch? Leben Sie in der Stadt oder auf dem Land? Wie bewegen Sie sich fort, mit dem Auto, der Bahn, der Straßenbahn? Sind Sie täglich mehrere Stunden draußen, ein Sportfreak oder Fahrradfahrer? Ist Ihnen Ihr englischer Rasen wichtig? Spielen Sie durch, wie Sie sich den Alltag mit Hund vorstellen, und dann überlegen Sie, was der Hund lernen muss und was Sie leisten müssen, damit das so werden kann. Häufig verlangen wir zu viel von unseren Hunden und sind dann gefrustet und sauer, wenn sie das nicht schaffen.

Die Hundebox

Eine Box kann als Rückzugsort geeignet sein, nicht nur wenn der Welpe mit ins Büro geht, sondern auch daheim oder unterwegs. Ein sensibler Aufbau ist wichtig, der junge Hund soll die Box als Wohlfühlort kennenlernen, an den er sich gern zurückzieht. Das kann man erreichen, indem es dort immer wieder besondere Leckerchen oder Kauartikel gibt, zunächst ohne dass man die Box schließt.
Vielfach bekommt man als Welpenbesitzer die Empfehlung, den Hund in die Box zu sperren und abzuwarten, bis er wieder ruhig ist. Das ist in etwa vergleichbar mit den Ratschlägen, die man jungen Eltern gibt, das Baby schreien zu lassen, bis es einschläft. Mir ist wichtig, die Emotionen des Hundes zu berücksichtigen und zu überlegen, welche Verknüpfung stattfinden kann, wenn er in der Box bellt und weint. Ist es die Verknüpfung: „Meine Box ist ein sicherer Wohlfühlort“, oder ist es: „Ich kann machen, was ich will, ich bin der Situation ausgeliefert.“ Durch kleinschrittiges Training, bei dem der Welpe sich entspannt, kann er Ersteres entspannt lernen, und diese Zeit sollten wir unseren Welpen geben.

Allein bleiben

Jeder Hund sollte lernen, gelassen und entspannt allein zu bleiben. Hierfür lässt sich das Türgitter wieder nutzen. So kann man langsam die ersten Schritte üben, man ist nicht immer für den Welpen verfügbar, ohne dass man gleich das Haus verlässt.
Schafft es der Welpe, sich zu entspannen, auch wenn man im Nebenzimmer ist, kann man mit dem Alleinbleibtraining vorangehen. Hierfür empfehle ich eine Überwachung mit einer Kamera. Ein großer Teil unserer Hunde leidet unerkannt unter Trennungsstress, und es lohnt sich, einen Blick nach Hause zu werfen, um sehen zu können, was dort vorgeht. Eine Skype-Verbindung vom daheim aufgestellten Laptop zum Handy ersetzt eine Kamera, ich selbst nutze eine Smartfrog-Kamera, die man unkompliziert für kleines Geld monatlich mieten kann.
Als mein Welpe einzog, dachte ich, es sei eine gute Idee, ihn während meiner Unterrichtszeiten im Welpenauslauf im Seminarraum unterzubringen. Das fand er nicht und tat das auch laut und vehement kund. Zwei Tage hatte ich den

Welpen während des Unterrichts auf dem Arm, dann probierte ich, wie er sich fühlt, wenn er mit dem alten Hund daheim bleibt. Die Kamera lief, das Tablet im Seminarraum nebenan zeigte mir einen selig schlummernden Welpen. Für ihn war das die bessere Lösung, und die Kamera half mir, die Entscheidung zu treffen. Ohne die Sicherheit der Videoüberwachung hätte ich nicht gewusst, wie es ihm dabei geht.

Entspannungstraining

Um eine geeignete Welpenschule müssen Sie sich frühzeitig kümmern. Ich bevorzuge kleine Gruppen und eine Hundeschule, die viel Wert auf positive Erfahrungen für die Welpen legt. Steht in der Kursbeschreibung etwas von Ruhedecke und Entspannungsübungen? Wunderbar. So reizvoll es anmuten mag, eine Stunde lang einer Horde tollender Welpen zuzuschauen: Gute, überwachte Spielsequenzen mit einem oder zwei ausgewählten Spielpartnern, dazwischen kleine Übungen und viel Ruhepausen sind wichtig. Im Alltag wünschen wir uns später alle einen Hund, der gelassen abwarten kann, während wir eine Nachbarin auf der Straße treffen oder an der Bushaltestelle sitzen. Das will geübt sein, und wenn in der Umwelt viel los ist, Fahrradfahrer und Jogger vorbeikommen, Kinder Ball spielen, andere Hunde toben, dann ist das eine Höchstleistung. Das gezielte Runterfahren, die konditionierte Entspannung standen auf meiner persönlichen „Was-soll-der-Welpe-lernen?"-Liste weit oben. Ich weiß, dass das für unser gesamtes weiteres Leben ein wichtiger Teil ist, also räume ich uns dafür viel Zeit ein und übe bei allen möglichen Gelegenheiten und an unterschiedlichen Orten. Gerade wenn Sie einen Welpen haben, der aufgrund seiner Rasse oder seines Wesens ein eher leicht zu stimulierender Geselle ist, sollten Sie frühzeitig mit dem Entspannungstraining beginnen.

Situationen gestalten

Häufig kann man Situationen gezielt so gestalten, dass der Welpe sich erwünscht verhält: Sie möchten die Terrassentür öffnen und der Welpe soll kurz warten, bevor er hinausstürmt? Eine althergebrachte Idee ist, die Tür einen Spaltbreit zu öffnen, und wenn der Welpe versucht hinauszustürmen, wird sie wieder geschlossen. Erst wenn er abwartet, wird die Tür ganz geöffnet und er darf hinaus. Dadurch baut sich meist ungeheuer viel Frust bei allen Beteiligten auf. Versuchen Sie Folgendes: Streuen Sie ein paar Leckerchen innen vor die Tür auf den Boden und öffnen Sie die Tür. Streuen Sie noch mehr Leckerchen, und wenn der Kleine sie aufgefressen hat, machen

Mate und Morris lernen dank vorbeugendem, positivem Training einen konfliktfreien Umgang miteinander. (Foto: M. Zaitz)

Sie eine einladende Handbewegung nach draußen und ermuntern ihn mitzukommen. Das wiederholen Sie jedes Mal und streuen von Mal zu Mal etwas weniger Kekse. Klappt das gut, öffnen Sie die Tür und streuen erst dann zwei Kekse. Auch das reduzieren Sie weiter. So lernt der Hund, dass es lohnenswert ist, abzuwarten und sich zurückzunehmen, und das ganz leicht, ohne dass er eingeschüchtert oder gehemmt wird.

Gegenstände abgeben

Als mein Welpe hier einzog, war mir innerhalb der ersten Stunde klar, welcher Punkt auf meiner persönlichen „Was-soll-der-Welpe-lernen?"-Liste oben steht: das Tauschen von Gegenständen. Als ich schauen wollte, ob er dem Spielzeug gerade ein Ohr abkaut, fror er kurz ein und hackte mir dann mit spitzen Welpenzähnen in die Hand. Das tut weh. Der Hand und dem Ego. Das Baby hat zugebissen, und in seinen Augen ganz zu Recht. Die Idee, dem kleinen Kerl jetzt mal zu zeigen, wo der Hammer hängt, kommt unter Umständen auf, ist aber keine angemessene Reaktion. Sich mit Gewalt durchzusetzen, klappt zwar bei einem Welpen ohne Probleme, aber die meisten von uns haben sich einen Hund geholt, weil sie einen vierbeinigen Freund, einen Partner, einen Begleiter fürs Leben gesucht haben. Und Freunde buttert man nicht unter, bis sie machen, was man will, sondern denen erklärt man freundlich die Regeln.

In meinem Fall bedeutete das, dass ich in der Küche besondere Leckerchen in meine Tasche packte, zurück zum Welpen ging und mich nur so weit näherte, bis er noch nicht besorgt war. Dann streute ich ein paar Leckerchen auf den Boden, und während er fraß, griff ich nach dem Spielzeug. Es gab noch mehr Kekse. Ich schaute mir das Spielzeug an, gab es ihm wieder und wiederholte das Ganze. Was er auf diese Art und Weise lernte, war, dass sich das Abgeben richtig lohnt und das begehrte Objekt nur kurz weg war. Das haben wir mit unterschiedlichen Gegenständen an vielen Orten geübt, und bereits nach vier Wochen war er in der Lage, während eines wilden Zerrspiels auf ein leises Signal loszulassen. Und das freudig und ohne eingeschüchtert zu werden. Belohnt wird er heute dafür immer noch sporadisch, mal mit Leckerchen, mal damit, dass das Spiel weitergeht.

Rückruf

Es lohnt sich, intensiv den Rückruf zu üben! Das zuverlässige Herkommen werden Sie das gesamte Hundeleben über benötigen, weil es dem Hund viel Freiheit ermöglicht. Die ersten Übungen dazu werden Sie in der Welpenstunde machen und Sie sollten sie jeden Tag üben. Belohnen Sie das Zurückkommen auf Signal hochwertig, hierfür ist Trockenfutter nicht der beste Verstärker.

Je länger Ihr Welpe bei Ihnen lebt, umso besser werden Sie wissen, was er gern mag. Vielleicht steht er auf Zergelspiele, dann kann auch das eine tolle Belohnungsmöglichkeit sein.

Stubenreinheit

Ja, es ist nicht schön, wenn der Welpe ins Haus macht, aber es ist nicht nur eine Erziehungs-, sondern auch eine Entwicklungssache. Niemand käme auf den Gedanken, ein Baby auszuschimpfen, weil es in die Windel gemacht hat. Macht der zwölf Wochen alte Hund aber ins Haus, reißt vielen der Geduldsfaden. Mein Rat an Sie: Räumen Sie wertvolle Teppiche für ein paar Monate auf den Dachboden. Kaufen Sie genügend Zewa-Tücher und einen guten Reiniger, der Uringeruch nicht überdeckt, sondern mithilfe von Mikroorganismen zersetzt.

Ich habe Welpen gehabt, bei denen es lange dauerte: dritte Etage, Winter, bis ich da angezogen und unten war, hat es oft zu lang gedauert. Oder Welpen, bei denen die Stubenreinheit schnell ging: Sommer, direkter Zugang zum Garten. Je schneller wir reagieren, umso schneller sind sie stubenrein, und bis dahin putzt man halt häufiger, und fertig. Die Zeit ist schneller vorbei, als man denkt.

Welpe als Zweithund

Wenn Sie bereits einen Hund haben, sorgen Sie dafür, dass er den Welpen schon vor dem Einzug auf neutralem Terrain kennenlernen kann. Gestalten Sie die ersten Begegnungen so, dass Ausweichen und Zurücknehmen immer belohnt wird. Auch daheim sollten Sie darauf achten, dass es für den adulten Hund eine Rückzugsmöglichkeit gibt, wo er Ruhe vor dem Kurzen haben kann.

Es gibt oft von Nachbarn und „Experten" auf der Hundewiese den Tipp, dass man „die mal den Rang klären lassen" soll. Das ist genauso ein Unsinn wie der Glaube, es gäbe einen Welpenschutz und der Althund würde dem Kleinen nichts tun.

Ich habe festgestellt, dass Mate, mein Welpe, viel schneller frisst als der erwachsene Morris und sich dann aufmachen will, diesem den Napf streitig zu machen. Aus verschiedenen Gründen halte ich es für keine gute Idee, „die Hunde das unter sich ausmachen zu lassen". Zum einen wünsche ich mir ein über viele Jahre möglichst konfliktarmes entspanntes Zusammenleben, da lasse ich die Hunde keine vermeid-

baren Konflikte austragen. Würde der Althund dem Welpen wirklich ordentlich Bescheid geben, ohne ihn zu verletzen, könnte das natürlich eindrucksvoll sein und ihn ein paar Wochen oder Monate davon abhalten, das Futter klauen zu wollen. Bei einem futterverteidigenden Hund könnte der Welpe eventuell auch verletzt werden. Oder in unserem Fall würde der Althund wohl einfach gehen und der Welpe würde irgendwann platzen.
Alles keine guten Lösungen. Also blieb ich beim Fressen bei dem Welpen und habe ihm zwischendurch immer ein paar Brocken leckeres Futter in den Napf fallen lassen. Da ich ja schon wusste, dass er kniepig wird, wenn man ihm Spielzeug wegnehmen möchte, wollte ich sichergehen, dass er eine sich beim Fressen annähernde Hand nicht als Bedrohung empfindet. Dies wiederholte ich auch, wenn der Napf schon leer war. Die Abstände zwischen den Belohnungen dehnte ich immer weiter aus, und heute ist es für ihn normal, am leeren Napf so lange zu warten, bis Morris auch fertig ist. Völlig konfliktfrei konnte er so diese Regel lernen.

MANUELA **ZAITZ ...**

... hat sich auf Trickdogging, Beschäftigung und Clickertraining spezialisiert. Sie leitet die „Trickschule für Hunde“ in Moers und ist als Autorin und Seminarleiterin aktiv und durch viele TV-Auftritte und Vorführungen bekannt. Im Cadmos Verlag erscheint im Herbst 2020 ihr Buch „Die große Trickkiste für Hunde“, eine völlig überarbeitete Neuauflagen ihre beiden erfolgreichen Trickschule-Bücher.

Im Tranining liegt ihr am Herzen, dass die Hunde freudig auf der Basis positiver Verstärkung in einer stressfreien, entspannten Lernsituation lernen.

www.hunde-spiele.de

Was ich Ihnen wünsche ...

... ist Gelassenheit und Ruhe, die schönen Seiten der Welpenzeit zu genießen, und starke Nerven für die schwierige Zeit. Denn das ist die Welpenzeit auch: anstrengend. Aber sie geht vorbei, und zwar viel schneller, als wir es uns vorstellen können. Und dann denken wir wehmütig daran zurück, wie niedlich er doch war, und wir vergessen, wie spitz die Zähne waren und wie fies das Gefühl, in der Nacht in eine erkaltete Pipipfütze zu treten.

BUCHTIPPS

von Nicole Röder

(Foto: Shutterstock.com/Avis De Miranda)

Fit for Life – Was Welpen wirklich lernen müssen

Helen Zulch und Daniel Mills, Kynos 2019, ISBN 978-3-942335-96-6

Das Vorwort von Jean Donaldson lässt mich vermuten, dass man mit diesem Buch in jedem Fall richtig liegt. Und schon in der Einleitung wird dieser Eindruck bestätigt: Es geht nicht darum, dass der Welpe zum Befehlsempfänger wird, sondern darum, dass er „zu verstehen beginnt, was in welchem Zusammenhang die richtige Entscheidung ist und dass er wählen kann" (S. 15). Es folgen zehn lehrreiche Lektionen, die dem Hundebesitzer dabei helfen, seinen Vierbeiner beim Erlernen der wichtigsten Alltagsfähigkeiten zu unterstützen. Von Vertrauen über Gehorsam bis hin zur hündischen Entscheidungsfreiheit wird leicht verständlich der Grundstein für eine möglichst sorgenfreie und vertrauensvolle Beziehung zwischen Mensch und Hund gelegt. Alle Lektionen sind gleich aufgebaut: Zuerst wird erklärt, um welches Oberthema es geht und wozu gerade das im Hunde-Menschen-Alltag notwendig und sinnvoll ist. Konkrete Tipps und Tricks fürs Training der entsprechenden Fähigkeit werden abgerundet von einer Checkliste, mit der jeder für sich und seinen Welpen festhalten kann, wo er bei der jeweiligen Übung genau steht.

Mein Eindruck:: Das Buch ist kein klassischer Ratgeber; Sitz, Platz, Fuß oder Stubenreinheit sucht man hier vergebens. Vielmehr geht es um allgemeine Lektionen im Leben eines jeden Welpen, die ihn, mithilfe seines Menschen, zu einem gut sozialisierten, selbstbewussten und eigenständig richtig handelnden erwachsenen Hund werden lassen sollen.
Die Lektionen bauen nicht aufeinander auf, sondern sind unabhängig voneinander. Sie können je nach Bedarf und Kenntnisstand geübt werden. In jedem Kapitel werden allgemeine Grundsätze zu Lernverhalten und positiver Bestärkung leicht verständlich dargelegt, aber auch explizite Anregungen für die Umsetzung des jeweiligen Themas an die Hand gegeben. Besonders die Arbeitsblätter und Beispielübungen geben auch absoluten Hundeneulingen eine sehr gute Hilfestellung zur praktischen Umsetzung.

Fazit: Das Buch ist eine wichtige und sinnvolle Ergänzung zu typischer Ratgeberliteratur und gehört für mich zur Grundausstattung der guten Welpenbibliothek.

Frühförderung für Welpen. Der Züchter hat es in der Hand

Madeleine und Rolf C. Franck, Cadmos 2014, ISBN: 978-3-8404-2036-8

Schon in der Einleitung stellen die Autoren klar, dass es in diesem Buch nicht darum geht, „aus Welpen vierbeinige Hochbegabte zu machen“ (S. 7). Vielmehr ist das Ziel, die Grundlagen einer optimalen Welpenaufzucht darzulegen. Wie ein Züchter möglichst abenteuerlustige, weltoffene und bindungsbereite Hundepersönlichkeiten heranwachsen lassen kann, wird in sieben Kapiteln beschrieben. Angefangen mit dem Kapitel „Der Traumhund“, in dem es um Wünsche und Vorstellungen von Welpenkäufern als auch um die ersten acht Wochen beim Züchter geht, über „Wurfplanung und Trächtigkeit“, „Frühförderung“ mit Erklärung des Super Dog Programs bis hin zu „Aufzuchtbedingungen“ und dem Kapitel „Charakterförderung und Erziehung“, in dem wissenschaftliche Erkenntnisse zur Persönlichkeitsentwicklung gut verständlich aufbereitet werden. Das Buch arbeitet alle Stationen von der ersten Idee zur Verpaarung der Elterntiere bis hin zur Welpenabgabe und darüber hinaus ab.

Mein Eindruck: Mit diesem Buch schließen die Autoren eine Lücke zwischen Erziehungsratgebern, die sich vor allem auf die Welpeneltern konzentrieren, und reinen Zucht- und Genetikbüchern, die sich ausschließlich an Züchter wenden.
Wie man es von Madeleine und Rolf C. Franck gewohnt ist, werden aktuelle Forschungsergebnisse zum Thema wie selbstverständlich in den Text eingewoben, sodass bei aller Theorie nie Unverständnis oder Langeweile für den Leser aufkommt. Praktische Vorschläge für die Alltagsgewöhnung der Welpen beim Züchter als auch Informationen über Bindung und Erziehung, die vor allem für die Welpenbesitzer wichtig sind, gehen fließend ineinander über. Man kann also zurecht behaupten, dass dieses Buch trotz des Titels nicht nur für (angehende) Züchter geeignet ist, sondern mindestens genauso interessant und hilfreich für (zukünftige) Welpeneltern.

Fazit: Da ich die Autoren und ihre Hunde sowie ihr Training und all ihre Bücher kenne und schätze, bin ich vielleicht etwas voreingenommen. Aber für mich gehört dieses Buch zusammen mit dem „**Welpen-ABC**“ derselben Autoren unbedingt ins Bücherregal jedes Züchters, Welpenbesitzers und Hundetrainers!

Welpen – Anschaffung, Erziehung und Pflege

Clarissa von Reinhardt, animal Learn Verlag 2007, ISBN: 978-3-9361-8826-4

Bereits in der Einleitung wird deutlich, dass die Autorin den Fokus auf das Wohl des Hundes legt. Dabei scheut sie sich nicht, zukünftigen Welpenbesitzern ganz klar vor Augen zu führen, dass ein Welpe zwar niedlich ist, aber auch sehr viel Arbeit macht und man sich bereits vor Anschaffung viele Gedanken zum zeitlichen Aufwand, dem Verbleib im Urlaub etc. machen sollte. Hierzu gibt es eine übersichtliche Checkliste gleich nach dem ersten Kapitel, das sich ansonsten mit den Entwicklungsstufen des jungen Hundes befasst.
Weiter wird beleuchtet, woher ein Welpe kommen kann bzw. soll – ob vom Tierschutz oder Züchter – und worauf man als Welpenkäufer bei der Auswahl achten sollte. Recht ausführlich wird die Erstausstattung behandelt, jeder Artikel wird beleuchtet und erklärt, warum man wie viel von welchem nützlichen Hundeaccessoire braucht. Am Ende des Kapitels findet sich auch hier wieder eine Checkliste als Zusammenfassung. Ebenfalls recht ausführlich wird die erste Zeit im neuen Zuhause behandelt. Vom Tag der Abholung und der richtigen Uhrzeit (damit man einplant, nicht zu spät am Abend wieder zurück zu sein) über den gelungenen Tagesablauf bis hin zum idealen Schlafplatz wird alles besprochen. Auch die Themen Futter, Umweltgewöhnung, Lernen (z. B. der Stubenreinheit) finden hier und im anschließenden Kapitel „Regeln des täglichen Zusammenseins" ihren Platz. Abgerundet wird der Ratgeber mit einer Übersicht zu medizinischem Basiswissen. Im Nachwort fasst ein Satz das komplette Buch hervorragend zusammen: „... es liegt an Ihnen, für dieses eine, ganz besondere kleine Lebewesen in Ihrem Leben die Verantwortung zu übernehmen und alles zu tun, damit es glücklich wird" (S. 132).

Mein Eindruck: Ein durch und durch positives Buch. Der Welpe wird als emotionales Wesen gesehen, dass unseren Schutz braucht und die richtige Anleitung, um in seiner Umwelt zurechtzukommen und ein gefestigter, souveräner Hund zu werden. Wir Menschen haben die Verantwortung, ihm ein möglichst stabiles Umfeld und viele positive Lernerfahrungen zu bieten. Dazu gehört auch, ihn behutsam ans Alleinbleiben zu gewöhnen und ihn neben oder im Bett schlafen zu lassen, wenn er gerade angekommen ist. Genau diese Ansichten machen das Buch für mich zu einem, das man Hundeneulingen ans Herz legen sollte. Mit überholten Dominanztheorien wird aufgeräumt und es wird jedes wichtige Thema detailliert abgearbeitet – egal ob Stubenreinheit oder warum man auf Welpenspielgruppen verzichten kann.

Fazit: Besonders Menschen, die zum ersten Mal einen Welpen aufnehmen, sollten dieses Buch lesen – hier findet sich alles, was man wissen muss, und die richtige Grundeinstellung zum Lebewesen Hund wird nachdrücklich vermittelt.

Das Kosmos Welpenbuch

Viviane Theby, Kosmos 2016, ISBN: 978-3-44014775-7

Das Buch ist sehr umfangreich und bemerkenswert schön aufgemacht. Man bekommt einen umfassenden Überblick über entscheidende Entwicklungsphasen des Welpen – sowohl beim Züchter als auch bei den Welpeneltern. Alle wichtigen Punkte, mit denen man sich als (Neu-)Hundeeltern beschäftigt, werden hier abgedeckt. Angefangen bei der Auswahl von Rasse und Züchter über die Eingewöhnung im neuen Zuhause (inklusive Anleitung, wie man bereits im Haushalt lebende Tiere mit dem Welpen vergesellschaftet), über Lernverhalten und Körpersprache bis hin zu konkreten Übungen und einer Auflistung typischer Probleme und wie sie gehandhabt werden können. Das Buch ist gut strukturiert und sehr verständlich geschrieben. Besonders die Zusammenfassungen an den Kapitelenden und die Checklisten, die zur Ergänzung und Erarbeitung durch den Welpenbesitzer gedacht sind, sind ein schöner Service. Ebenso die Geräusche-App, die bei der Sozialisation des Hundes mit Alltagsgeräuschen eingesetzt werden soll.

Mein Eindruck: „Der Schwerpunkt dieses Buches liegt also im Verhalten und in der Verhaltensentwicklung und Erziehung des Welpen" (S. 7). Besonders schön finde ich, dass sehr praxisnahe Tipps gegeben werden, mit denen auch absolute Hundeanfänger gut arbeiten können. Zum Beispiel gibt es einen Übungsplan für die ersten sechs Wochen im neuen Zuhause, an dem sich Welpeneltern orientieren können. Zudem sind nützliche Listen zu finden, in denen man auch mal etwas nachschlagen kann (wie z. B., welche (Zimmer-)Pflanzen giftig sind oder wie der Tagesablauf für einen zwölf Wochen alten Welpen aussehen kann, damit er nicht überfordert wird).

Fazit: Sehr guter Ratgeber, der besonders für Ersthundbesitzer einen allumfassenden Ein- und Überblick gibt.

Welpen-Training – Sportgrundlagen mit SPASS vermitteln

Imke Niewöhner, DVD, Dreh-Punkt 2015, ASIN: 3943892115

Auf zwei DVDs erhält man konkrete Übungsanweisungen für das Training mit dem Welpen. Von Einstiegsübungen wie Namen lernen, Entspannungssignal und dem Deckentarget bis hin zum Hand- und Bodentarget oder Dinge aufheben und in eine Schale legen ist auf DVD 1 alles abgedeckt, was man als Basis für die 2. DVD benötigt. Hier geht es dann um fortgeschrittenere Trainingseinheiten wie diverse Körperkontroll-Übungen (Cavaletti-Übungen, Rückwärtslaufen etc.), Beweglichkeitsübungen (von Verbeugen bis Rückwärtsslalom durch die Beine) und Vorübungen, die speziell auf spätere Agility- oder/und Obedience-Karrieren zugeschnitten sind.

Mein Eindruck: Die DVDs sind übersichtlich und logisch in ihrer Reihenfolge und vom Schwierigkeitsgrad her aufgebaut. Das Inhaltsverzeichnis auf der Hülle ist gut gestaltet, sodass man ohne Weiteres die Einzelübungen, die man intensivieren möchte, in den Kapiteln auf der DVD findet.
Zudem sind alle Übungen so gut und nachvollziehbar erklärt, dass man auch als Einsteiger nicht allzu große Schwierigkeiten haben dürfte, die Tricks mit dem eigenen Welpen nachzuarbeiten. Auch für einen erwachsenen Hund, der noch nicht viel kann oder kennt, sind nach den Basisübungen alle Trainingseinheiten durchaus empfehlenswert. Wer alles mit seinem Welpen/erwachsenen Hund mitgeübt hat, der kann sich am Ende der DVDs über ein breites Repertoire an Tricks und Übungen sowie eine perfekte Grundlage für Tricktraining und verschiedene Hundesportarten freuen.

Fazit: Gut gemachte, ausführliche DVD (345 Minuten), die mit optimalen, kurz und verständlich erklärten Übungseinheiten Spaß aufs Training und sofortiges Mitmachen weckt.
Für Welpenbesitzer, die später in Tricktraining oder Hundesport einsteigen wollen, sehr zu empfehlen. Auch für all jene, die auf der Suche

HUNDE sind vielfältig, faszinierend und inviduell, genau wie die Themen in **sitzplatzfuss.** AutorInnen mit aktuellem Fachwissen und großer Praxiserfahrung schreiben darüber für Menschen, die sich einen positiven Umgang mit ihrem Hund wünschen. **www.sitzplatzfuss.com**

Abo-Preis:
SitzPlatzFuss € 40,00 für vier Ausgaben

Einzelpreis:
€ 12,80 in Deutschland und Österreich und € 10,00 (für Abonnenten)

Mit dem Abo gibt es Sonderpreise bei bestimmten Büchern und Vorteile bei unseren Kooperationspartnern Hey-Fiffi und dog-ibox!

Abo-Bestellungen:
InTime Media Services GmbH
SitzPlatzFuss-Aboservice, Herr Adriano Boi
Bajuwarenring 14, 82041 Oberhaching
Tel.: +49(0)89/85853-526
sitzplatzfuss@intime-media-services.de
oder online auf der SitzPlatzFuss-Seite
unter **www.sitzplatzfuss.com**

Einzelheft-Bestellungen:
im Cadmos-Verlag-Online-Shop auf
https://bit.ly/2zvgQ2m bzw. via E-Mail
unter vertrieb@cadmos.de oder telefonisch
unter +49(0)89/45108510-11 (Martina Selinger)

CADMOS Verlag www.cadmos.de

IMPRESSUM

sitz platz fuss

Cadmos Verlag GmbH
Englmannstraße 2
D-81673 München
Tel. +49 (0)89 451 085 10 - 0
info@cadmos.de | www.cadmos.de

Herausgeber
Brigitte Millan-Ruiz & Dr. Rainer Eder

Chefredakteurin
Madeleine Franck | m.franck@cadmos-verlag.de

Autoren und Interviewpartner der aktuellen Ausgabe
Andreas Ackenheil, Imelda Angehrn, Petra Balai, Prof Dr. Martin S. Fischer, Madeleine Franck, Rolf C. Franck, Sabine König, Lisa Margraf, Kerstin Piribauer, Nicole Röder, Thomas Schwank, Christine Streubel, Barbara Thiel, Sonja Umbach, Manuela Zaitz

Art Director
Gerlinde Gröll, www.cadmos.de

Titelfoto
www.shutterstock.com/Enna8982

Pressevertrieb
UMS, D-51545 Waldbröl

Abo Kundenservice
InTime Media Services | Adriano Boi
Bajuwarenring 14 · 82041 Oberhaching
Tel. +49 (0)89/85 853 - 526
sitzplatzfuss@intime-media-services.de

Einzelhefte
Cadmos Verlag GmbH
Englmannstraße 2 | D-81673 München
vertrieb@cadmos.de

Anzeigen
Kerstin Schröter | anzeigen@sitzplatzfuss.com
Tel. +49 (0)511 / 270 47 02

Druck
Grafisches Centrum Cuno GmbH & Co. KG
Printed in Germany

PEFC zertifiziert

Dieses Produkt stammt aus nachhaltig bewirtschafteten Wäldern und kontrollierten Quellen

PEFC
PEFC/04-31-1370

www.pefc.de